重庆地区
绿色食品水果生产操作规程

◎ 何　强　戴亨林　张海彬　主编

中国农业科学技术出版社

图书在版编目(CIP)数据

重庆地区绿色食品水果生产操作规程 / 何强，戴亨林，张海彬主编 . -- 北京：中国农业科学技术出版社，2025. 7.
ISBN 978-7-5116-7572-9

Ⅰ. S66-65

中国国家版本馆 CIP 数据核字第 2025EZ9456 号

责任编辑　史咏竹
责任校对　马广洋
责任印制　姜义伟　王思文

出 版 者　中国农业科学技术出版社
　　　　　北京市中关村南大街 12 号　　邮编：100081
电　　话　(010) 82105169 (编辑室)　　(010) 82106624 (发行部)
　　　　　(010) 82109709 (读者服务部)
网　　址　https://castp.caas.cn
经 销 者　各地新华书店
印 刷 者　北京建宏印刷有限公司
开　　本　148 mm×210 mm　1/32
印　　张　4. 875
字　　数　115 千字
版　　次　2025 年 7 月第 1 版　2025 年 7 月第 1 次印刷
定　　价　29. 00 元

《重庆地区绿色食品水果生产操作规程》

编委会

主　　编　何　强　戴亨林　张海彬

统筹主编　张　宪　赵　辉　程光辉　李学琼

副 主 编　陈义康　郭　萍　鲜小红　董　悦　邓　科

主要编写人员（以姓氏拼音为序）

卞春梅　陈　刚　陈　毅　邓皓月
龚　杰　郭　玲　韩爱华　何建华
黄　鹤　黄秀琴　胡良杰　姜淑方
李　丽　李小玲　廖　杰　廖　媛
刘　聃　刘光兰　刘　严　刘元喜
李　雪　邱曼丽　冉文俊　任佳梅
唐道珍　王海蓉　吴　杰　吴　锦
肖　瑞　杨　杰　叶　娇　喻　刚
袁志钦　张艺潇　张红蓉　张孝君
赵海忠　周友彬　周雨润　邹　强

目　录

重庆地区绿色食品梨生产操作规程

1　产地环境

1.1　园地选择

1.1.1　产地环境

园地环境应符合《绿色食品　产地环境质量》（NY/T 391）的要求。

1.1.2　气候条件

适宜的年平均温度为 12 ℃～18 ℃，年日照时数不低于 1 000 h，年降水量 450 mm～1 200 mm。

1.1.3　土壤条件

选择土壤肥沃、土层深厚的园地，土壤 pH 值不高于 7.5，有机质含量不低于 1%，常年地下水位应在 1.5 m 以下。

1.2　园地规划

园地规划包括园区划分、品种布局、道路及排灌系统设置、防护林营造、房屋等附属设施建设。

平地及坡度在 6°以下的缓坡地，栽植行为南北向。坡度为 6°～20°的山地、丘陵地，等高种植。梨园周围禁止种植松柏树，水土保持综合治理按《水土保持综合治理　规划通则》（GB/T 15772）执行。

2 品种与砧木选择

2.1 选择原则

品种、授粉品种和砧木的选择应以区域化和良种化为基础，结合当地自然条件，选择符合市场需求的优良品种及适宜的砧木。

2.2 栽植品种、授粉品种与砧木选择

2.2.1 栽植品种选择

以砂梨系列为主，包括黄金梨、翠冠、丰水梨、中梨 1 号、脆玉、秋月等早中熟品种。

2.2.2 授粉品种选择

圆黄、翠冠、中梨 1 号及上述栽植品种互为授粉树。

2.2.3 砧木选择

采用砂梨、棠梨、川梨等，不使用山东香水梨作砧木。

2.3 栽植

2.3.1 苗木质量

选择符合《梨苗木》（NY 475）苗木质量要求的二年生健壮苗。

2.3.2 栽植时期

春栽、秋栽均可。秋栽于秋末冬初苗木落叶后；存在冻害或干旱抽条的地区，宜春季栽植，春栽以发芽前一周为宜。

2.3.3 栽植技术

按主栽品种与授粉品种的配置要求，预先挖好栽植穴，穴深 80 cm，直径 100 cm 以上。根据栽植密度，每穴分层压入农家肥料或有机肥 20 kg～50 kg，并灌透水。定植前解开嫁接薄膜，防止缢颈。将苗木放入穴中央，舒展根系，扶正苗木，纵横成行，

边填土、边提苗、踏实，埋土到根颈处；沿苗周围做直径1 m的树盘，灌水浇透，覆盖地膜保护。定植后按照整形要求立即定干，并采取适当措施保护定干剪口。

2.3.4 栽植密度

采用乔砧密植栽培，栽培密度为33株/亩～56株/亩①，行距为4.0 m～5.0 m，株距为3.0 m～4.0 m；若为较矮化品种或半矮化砧木的密植栽培，则栽培密度为67株/亩～95株/亩，行距为3.5 m～4.0 m，株距为2.0 m～2.5 m。

2.3.5 授粉树配置

主栽品种与授粉品种果实经济价值相仿时，可采取等量成行配置，否则实行差量成行配置［主栽品种与授粉品种的栽植比例为（6～8）：1］。同一果园内栽植主栽品种1个～2个，授粉品种2个～4个，按10%～20%比例在田间均匀分布。

3 土肥水管理

3.1 土壤管理

3.1.1 深翻改土

9月—10月，结合施基肥，进行扩穴深翻或全园深翻。从树盘树冠滴水线向外挖深、宽均为40 cm～50 cm的施肥沟，土壤回填时混以有机肥，每亩分层压入符合《绿色食品　肥料使用准则》（NY/T 394）要求的农家肥或有机肥1 000 kg～2 000 kg。土壤回填时表土放在底层，底土放在上层，并充分灌水，使根土密接。

3.1.2 中耕

梨园树盘在生长季降雨或灌水后，适时中耕除草，保持土壤

① 1亩≈667 m^2，全书同。

疏松无杂草。中耕深度 5 cm～10 cm。

3.1.3　种植绿肥和行间生草

幼龄梨园可在行间树冠投影面积外缘种植无共性病虫害的浅根、矮秆和耗肥量小的作物。

成年梨园可种植与梨树无共性病虫害的浅根绿肥或牧草，如三叶草、百脉根、紫花苜蓿、扁叶黄芪等绿肥作物，通过翻压、沤制等将其转变为农家肥料。

3.1.4　覆盖

分为地布覆盖和覆草两种方法。地布覆盖可用黑色地布在树盘下覆盖 2 m～5 m 宽。树盘内提倡秸秆覆盖，以利保温保湿、抑制杂草生长、增加土壤有机质含量。覆草可选用麦秆、玉米秸、稻草等为材料，覆盖厚度 10 cm～15 cm。连续覆盖 3 年～4 年后，结合秋施基肥深翻一次，也可结合深翻开大沟埋草，提高土壤肥力和蓄水能力。

3.2　施肥

3.2.1　施肥原则

根据梨园土壤中的营养元素含量丰缺和梨营养特点，应以农家肥料、有机肥料、微生物肥料为主，化学肥料为辅。施用的肥料应符合《绿色食品　肥料使用准则》（NY/T 394）的要求。

3.2.2　施肥方法和施肥量

3.2.2.1　土壤施肥

（1）幼树

勤施薄施，以氮肥为主，氮、磷、钾比例为 5：3：2，每年每亩施尿素 5 kg～10 kg，磷酸二氢钾 2.5 kg～4.5 kg，在离树干 30 cm 以外施入，并随树龄增加施肥量逐渐加大。在生长季的

3 月—8 月，隔 20 d～30 d 施一次追肥。

（2）成年树

根据树龄、生长势和当年预计产果确定全年施肥量，氮、磷、钾的比例为 1∶0.7∶1。

基肥：秋季采果后深翻改土施入。肥料以农家肥料或有机肥为主，每株施有机肥 20 kg～50 kg，适当配搭氮、磷、钾肥，每株可施 N-P-K 为 15-15-15 的复合肥 0.2 kg～0.4 kg。施肥时在树冠滴水线处挖深 30 cm～40 cm 的环沟施入。

萌芽肥：2 月—3 月，以氮肥为主，搭配农家肥料。单株施尿素 0.2 kg～0.3 kg，农家肥料 10 kg～20 kg。施肥时在树冠下滴水线处挖多个浅穴施入。

果实膨大肥：落花后，以磷肥和钾肥为主，每株施磷酸一铵 0.1 kg～0.2 kg、硫酸钾 0.2 kg～0.3 kg。施用时在树冠滴水线处挖穴施入。

3.2.2.2　叶面追肥

在初花期、谢花后、花芽分化初期和采收前，根据树体营养状况和缺素情况，结合喷洒农药，适当追施叶面肥。采果前 20 d 内停止叶面追肥。

3.3　水分管理

3.3.1　灌溉

芽萌动期、果实迅速膨大期和秋施基肥时应灌足水分。灌水后及时松土，水源缺乏的梨园还应用作物秸秆等覆盖树盘，以利保墒。

3.3.2　排水

梨园设置排水系统并及时清淤，多雨季节或果园积水时开沟排水。

4 整形修剪

4.1 整形

因地势、品种、栽植密度选用以下适宜树形。

单层高位开心形：适用于栽培密度为45株/亩～67株/亩的梨园，整形修剪后梨树呈现为：树高3 m，干高0.7 m，中心干高度约1.7 m，0.6 m往上至1 m左右的中心干上枝组基轴和枝组均匀排列，伸向四周，基轴长约30 cm，每个基轴分生2个长放枝组，加上中心干上的无基轴枝组，全树共10个～12个长放枝组，全树枝组共为一层。

杯状开心形：适用于栽培密度为33株/亩～56株/亩的梨园，整形修剪后梨树的呈现为干高80 cm左右，3个～4个主枝，无中心干，主枝呈敞开式（约45°）伸展，每主枝配备2个～3个侧枝，侧枝上着生结果枝组。

4.2 修剪

4.2.1 幼树修剪

幼树以夏季轻剪为主，实行“轻剪、少疏枝”，采用抹芽、摘心、长放、撑、拉、吊等措施，注意开角、缓势、调节枝干角度和枝间从属关系，多留枝叶，促进早成形和花芽形成，平衡树势、早结果。

4.2.2 成年树修剪

以疏枝、短剪、缩剪为主。剪除病虫枝、干枯枝，疏剪密弱枝、斜生枝和下垂枝，及时复壮更新结果枝组，保持生长与结果平衡。对树体过高的树，逐渐降低树高，适时疏剪、缩剪骨干枝。对骨干枝过多的树要逐渐减少骨干枝数目、级次和长度。同时，可进行夏季修剪，采用撑、拉、吊、抹芽、放梢等措施，改善树冠内的通风透光条件。

当产量降至 1 000 kg/亩以下时，进行更新复壮。每年更新 1 个～2 个大枝，3 年更新完毕，同时做好小枝的更新。

5　花果管理

5.1　人工授粉

采用蜜蜂或壁蜂传粉和人工点授等方法辅助授粉，人工授粉时，初花期喷 0.3%硼砂+0.2%尿素+0.3%白糖，落花期再喷 1 次。采集以授粉品种为主的含苞待放的花朵，制成混合花粉。从初花期开始授粉。每 10 cm 左右间距授 1 朵花。提倡果园放蜂，约 3 亩果园放 1 箱蜂，花苞期放入（最好引进角额壁蜂）。

5.2　疏花疏果

人工疏花从花序分离至开花期进行。人工疏果从谢花后 2 周开始，每 10 cm～20 cm 间距留 1 个果。树冠中下部多留果，枝梢先端少留果，侧生背下果多留，背上果少留。

5.3　套袋

选用（15 cm～18 cm）×（18 cm～22 cm）大小的外灰内黑或外褐内白的双层优质果袋，于谢花后 20 d～30 d 开始套袋，套袋工作须在 25 d～35 d 内完成。果点大而密、颜色深的品种可早套，果点小、颜色淡的品种可晚套。套袋前根据当地主要病虫害防治需要，选用吡虫啉或氯氰菊酯等杀虫剂、多菌灵或波尔多液等杀菌剂混合后仔细喷雾一次，重点喷幼果，待药水干后套袋。套袋时袋口既要封严又不能伤果柄，袋体应膨胀，幼果悬于袋中央。着色品种在采收前 30 d 除袋。

6 病虫害防治

6.1 防治原则

坚持“预防为主，综合防治”的植保方针，推广绿色防控技术，优先采用农业防治、物理防治和生物防治措施，配合使用化学防治措施。

6.2 主要病虫害

重庆地区发生普遍且危害严重的梨病害主要有黑星病、锈病、轮纹病、腐烂病、褐斑病、黑斑病等；虫害主要为梨大食心虫、梨小食心虫、山楂叶螨、梨实蜂、梨茎蜂等。

6.3 病虫害防治

6.3.1 农业防治

通过加强土肥水管理等措施，保持树势健壮，提高抗病力；合理修剪，保证树体通风透光，清除枯枝落叶、刮除树干老翘裂皮、翻树盘、剪除病虫枝果，减少病虫源，降低病虫基数；生长季节后期注意控氮、控水，防止徒长。不与苹果、桃等其他果树混栽，以防次要病虫数量增加为害；梨园周围 5 km 范围内不栽种松柏，以防锈病流行。

6.3.2 物理防治

根据病虫生物学特性，采取糖醋液、黄板、频振式杀虫灯以及树干缠草绳等方法诱杀害虫。

6.3.3 生物防治

利用寄生性、捕食性天敌昆虫以及病原微生物，调节害虫种群密度。人工释放赤眼蜂。助迁和保护瓢虫、草蛉、捕食螨等害虫天敌。应用有益微生物及其代谢产物等生物制剂防治病虫害。利用昆虫性外激素诱杀或干扰成虫交配。

6.3.4 化学防治

根据防治对象的生物学特性和为害特点，在病虫测报的基础上，使用对环境友好、高效、低毒、低残留的农药。交替使用不同作用机理的农药。禁止使用剧毒、高毒、高残留和“三致”（致畸、致癌、致突变）农药。

化学防治严格按照《农药合理使用准则》（GB/T 8321）、《农药贮运、销售和使用的防毒规程》（GB 12475）、《绿色食品　农药使用准则》（NY/T 393）的规定使用农药，控制施药剂量（或浓度）、减少施药次数，并且应达到安全间隔期。主要病虫害防治推荐农药使用方案见附录 A。

7 果实采收

7.1 采收时期

根据梨的品种特性、果实成熟度、外观达到该品种应有的色泽时采收。长途运输的外销果和贮藏果，达到八成至九成熟时采收。果品质量应符合《绿色食品　温带水果》（NY/T 844）的要求。

7.2 采收方法

采收时应先下后上、先外后内依次进行，并将果实袋一同采下；采收时必须轻拿轻放，切勿造成机械损伤；采收后及时运到室内分级处理，雨天和中午高温时不宜采收。

7.3 采收后处理

梨果采收后要统一运到选果场，进行拆袋、分级、清洁、包装，然后入库或装车。包装应符合《绿色食品　包装通用准则》（NY/T 658）的要求。

8 贮藏运输

8.1 贮藏

梨果在库内存放时，严禁与其他有毒、有异味、发霉的物品混合存放。

梨果可采用低温冷库贮藏，冷库内空气相对湿度为90%左右。一般在10 ℃以上入库，每周左右降低1 ℃，降至7 ℃～8 ℃以后，可3 d降低1 ℃，直至降到0 ℃左右。整个过程需要30 d～50 d。

气调贮藏可使用气调帐或塑料薄膜小包装，进场前测定帐（袋）内二氧化碳含量，二氧化碳浓度最好不超过1%，氧浓度为10%左右为宜。

8.2 运输

运输工具清洁、干燥、无毒、无污染、无异物，要求有通风、防晒和防雨水渗入的设施。装运及堆码应轻卸轻放，通风堆码，不允许混装。运输应符合《绿色食品　储藏运输准则》（NY/T 1056）的规定。

9 生产废弃物处理

生产过程中要及时清除病株、枯枝残叶，防止病虫蔓延；要及时拣除田间废弃的地膜、农药、肥料包装袋等；清除的废弃物要集中分类进行处理，保护生态环境。

10 生产档案管理

建立绿色食品梨生产档案。应详细记录产地环境条件、生产技术、肥水管理、病虫害的发生与防治、采收及采后处理等情况。生产档案应保存3年以上。

附录 A
(资料性附录)
重庆地区绿色食品梨生产主要病虫害防治推荐农药使用方案

重庆地区绿色食品梨生产主要病虫害防治推荐农药使用方案见表 A. 1。

表 A. 1　重庆地区绿色食品梨生产主要病虫害防治推荐农药使用方案

防治对象	防治时期	农药名称	使用剂量	施药方法	安全间隔期(d)
黑星病	发病初期	35%氟菌唑可湿性粉剂	3 500 倍液～4 000 倍液	喷雾	14
		80%代森锰锌可湿性粉剂	500 倍液～1 000 倍液	喷雾	10
		50%多菌灵可湿性粉剂	500 倍液～667 倍液	喷雾	28
		70%甲基硫菌灵可湿粉性粉剂	1 600 倍液～2 000 倍液	喷雾	21
		12. 5%腈菌唑水乳剂	2 000 倍液～3 000 倍液	喷雾	20
锈病	发病初期	80%代森锌可湿性粉剂	500 倍液～700 倍液	喷雾	28
黑斑病	发病初期	3%多抗霉素可湿性粉剂	150 倍液～600 倍液	喷雾	7
轮纹病	发病初期	61%乙铝 · 锰锌可湿性粉剂	400 倍液～600 倍液	喷雾	15
炭疽病	发病初期	25%嘧菌酯悬浮剂	800 倍液～1 500 倍液	喷雾	14

（续表）

防治对象	防治时期	农药名称	使用剂量	施药方法	安全间隔期（d）
梨木虱	越冬代成虫出蛰盛期和卵孵化盛期，或虫叶比例达到10%时	10%吡虫啉可湿性粉剂	2 000 倍液～3 000 倍液	喷雾	14
		4.5%高效氯氰菊酯乳油	1 400 倍液～2 100 倍液	喷雾	21
		0.5%苦参碱水剂	600 倍液～1 000 倍液	喷雾	
食心虫	卵果率达1%时	4.5%高效氯氰菊酯乳油	2 000 倍液～3 000 倍液	喷雾	21
		8 000 IU/mL 苏云金杆菌悬浮剂	200 倍液	喷雾	
注：农药使用以最新版本《绿色食品　农药使用准则》（NY/T 393）的规定为准。					

重庆地区绿色食品葡萄生产操作规程

1 产地环境

产地环境条件应符合《绿色食品 产地环境质量》（NY/T 391）的规定。年平均温度17 ℃～19 ℃，最热月份的平均温度在18 ℃以上，最冷月份的平均温度在0 ℃以上，无霜期200 d以上，年日照时数2 000 h以上，年降水量在800 mm以下，年有效积温2 500 ℃。

葡萄建园应选择土层深厚，常年地下水位在0.8 m以下，土壤pH值4～8.5、土壤肥沃、有机质含量丰富，地势平或缓倾、阳光充足、向阳背风、远离污染源，并且远离公路、机场、车站等交通要道的地区。园区须进行区划，根据地形条件划分小区，山地葡萄园10亩～30亩为一小区，平地葡萄园50亩～100亩为一小区。有道路、排灌系统及防护林。

2 品种

2.1 品种选择

应依据市场需求及当地气候环境条件选择品种，推荐品种为红地球、夏黑、克伦生、维多利亚、无核白鸡心等。

2.2 苗木质量

苗木质量符合《葡萄苗木》（NY 469）的规定。地上部枝条粗壮，芽眼饱满，充分成熟，枝条上无明显机械损伤，嫁接口愈合完全、牢固，根系完整，无检疫对象和危险病虫。

3 栽植

3.1 架式选择

葡萄架式根据地区、光照、雨水、品种适应性等选择篱架或棚架。单杆双臂“V”形篱架属于典型篱架，采用南北行向，株行距（0.8 m～1 m）×（2 m～2.5 m），亩植 267 株～417 株。美人指等葡萄品种适合长枝修剪，花絮多在末梢花芽上面，可选择“T”形架（特殊变种篱架），架高 1.5 m～2.0 m，在立架上面拉2 道～3 道铁丝，间距 40 cm～50 cm，棚面宽 0.8 m～1.0 m，横拉4 道铁丝。“T”形架通风透光好，病虫害较轻，适于无强风地区。

3.2 栽植前准备工作

定植前对苗木消毒，常用的消毒液有 29%石硫合剂水剂。挖好定植沟，沟宽、深各 60 cm，待土壤充分熟化后每亩施入腐熟农家肥 4 000 kg、过磷酸钙（普钙）100 kg，并与表土充分拌匀后回填待用。

3.3 定植

建议栽植无病毒苗木、大苗、营养袋苗。采用春植，最迟 4 月完成定植。定植时将根系摆布均匀，填土一半时轻轻提苗，再继续填土，与土地面相平后踏实，再浇透水。营养袋苗移栽时，应带着根部土团，栽后灌足水。定植深度以苗木根颈部与地面相平为好。定植浇透定根水后盖膜防旱。

4 田间管理

4.1 土壤管理

4.1.1 深耕

11 月新梢停止生长、采完果后，结合秋季施基肥进行深耕，深度 50 cm～60 cm，深耕施肥后及时全园灌水。

4.1.2 间作覆盖

葡萄幼树期可进行间作，提倡间作矮秆作物，如豆类、花生、绿肥等，间作作物与葡萄植株保持 50 cm 以上距离。提倡作物秸秆或绿肥覆盖，提高土壤有机质含量。

4.1.3 清耕

在葡萄行间和株间进行多次中耕除草，保持土壤疏松和无杂草状态，园内保持清洁。

4.2 肥料管理

4.2.1 施肥原则

肥料使用应符合《绿色食品　肥料使用准则》（NY/T 394）的规定。根据葡萄的施肥规律进行平衡施肥或配方施肥，以有机肥为主、化肥为辅，使用的商品肥料应已在农业行政主管部门登记，或使用免于登记的肥料。

4.2.2 施肥量

葡萄定植第二年即进入产果期，依据地力、树势和产量的不同，参考每 100 kg 葡萄浆果一年需纯氮（N）0.25 kg～0.75 kg、磷（P_2O_5）0.25 kg～0.75 kg、钾（K_2O）0.35 kg～1.1 kg 的标准进行平衡施肥。

4.2.3　施肥时期和方法

4.2.3.1　基肥

以有机肥为主，适当混入一些磷、钾、钙等速效化学肥料，于每年10月—11月（秋季）果实采收后施入，施肥量占全年施肥量的60%。在距植株50 cm～60 cm处开深40 cm～60 cm的施肥沟，结果树可株施腐熟农家肥25 kg～30 kg、过磷酸钙200 g、硫酸钾200 g，幼树用量略减。翌年在定植沟的另一侧同法施入，依此方法逐年隔行轮换施肥。

4.2.3.2　追肥

结果树一般一年追肥5次，在树根附近开浅沟施入。春季萌芽前施入萌芽肥，以速效氮磷肥为主，施肥量占追肥量的20%；花前7 d～10 d施入花前肥，以氮磷钾肥为主，施肥量占年追肥总量的30%；幼果黄豆大小时施入膨大肥，以磷钾肥为主，施肥量占年追肥总量的20%；果实开始着色前施入磷钾肥，施肥量占年追肥总量的20%；果实采收后施入采后肥，以磷钾肥为主，施肥量占年追肥总量的10%。

4.2.3.3　叶面肥

根据葡萄生长期对营养的需求及缺素情况喷施叶面肥。在新梢生长期、初花期及盛花期喷施0.2%尿素和0.2%硼砂溶液，促进新梢生长，提高坐果率；在幼果期、膨大期、上色期喷施0.3%磷酸二氢钾，可以显著增加产量、提高品质；在采收前一个月喷施1%醋酸钙，防止裂果，提高耐贮运性。

4.3　水分管理

葡萄耐旱性较强，要注意及时排涝防旱。萌芽期、花前10 d、花后、浆果膨大期和入冬前结合施肥灌水，每次灌水量应足以渗透到根系集中分布层。开花期及果实成熟期应控制灌水。保持土壤含水量在生长前期达到田间最大持水量的60%～70%，生长后期达到田间最大持水量的50%～60%。灌水可沟灌，但提倡节水灌溉，可采用滴灌、微灌。

4.4 整形修剪

4.4.1 树形及树体结构

单干双臂“V”形：树体有一个主干、两条水平臂（主蔓），在两条水平臂上分别选留结果母枝，结果母枝上选留营养枝和结果枝。盛产期亩产控制在1 500 kg～2 500 kg为宜。

4.4.2 树体整形

第一年：栽植当年选留一个健壮新梢作主干直立绑缚于第一道铁线，60 cm 高时摘心定干，最上部萌发的两个枝梢作为主蔓分别绑缚于两条水平臂上（第二道铁线），并根据株距在合适长度时及时摘心，促使其生长健壮，冬剪时剪去弱枝及直径小于0.5 cm 的主蔓，所有副梢全部剪除。

第二年：主蔓长度不够，用主蔓延长枝作补充，主蔓上每隔12 cm～15 cm 选留一个新梢，新梢长至 3 个芽时摘心，并将新梢分别绑于第三道铁线上，新梢延长枝高度超过第四道铁线时摘心。树势较为强壮的植株可适当挂果，每株不超过 1 kg。冬剪时，主蔓上每隔 12 cm～15 cm 留一个结果母枝，每个结果母枝采用短梢修剪（1 个～3 个芽）。至此单干双臂“V”形篱架基本形成。

第三年：随着新梢的生长将新梢绑于第三道铁线上，新梢延长枝高度超过第四道铁线时摘心。从第三年开始主要是依树势采用单枝或双枝更新法调整树体发育及结果。

4.4.3 修剪

4.4.3.1 冬季修剪

在葡萄落叶之后即可进行。应用短梢（留2个～3个芽）、中梢（留4个～6个芽）、长梢（留7个～9个芽）修剪法进行修剪。为扩大树冠多采用长梢修剪；为充实架面、扩大结果部位可采用中短梢混合修剪；为稳定结果部位，防止上升和外移可采用短梢修剪。

4.4.3.2 夏季修剪

通过抹芽、疏枝、摘心、处理副梢控制新梢生长，对于篱架上的新梢，留10片～12片叶子摘心；为减少工作量，棚架上新梢叶幕层过厚时（两层以上），对副梢进行双叶绝后摘心；长至棚架第四道铁丝以外的新梢全部剪除，保证两行葡萄间留有1 m～1.2 m的通风带，改善通风透光。

4.5 花果管理

4.5.1 果穗整理

根据产量目标、植株长势、种植密度决定留穗量，无核品种每株留果穗5穗～6穗，其余品种每株留果穗4穗～5穗，过弱枝和延长枝不留果穗，建议成龄园每亩的产量控制在2 500 kg以内，强树多留，弱树少留。对留穗进行花序整形，掐除副穗和歧肩，疏除畸形果、过密果。疏果完成后，每穗果留10个～12个小穗，红提每穗留果粒60粒～80粒，其余品种每穗留果粒100粒～120粒。

4.5.2 果实套袋

果实套袋一般在葡萄开花后20 d左右即生理落果后，在果粒直径达到1 cm到初着色时进行。套袋需要避开雨后的高温天气，套袋前全园喷布一遍杀菌剂。红色葡萄品种采收前 10 d～20 d须摘袋。容易着色和无色的品种无须摘袋。为了避免高温伤害，摘袋时不要将纸袋一次性摘除，先把袋底打开，再逐渐将袋去除。

4.6　病虫害防治

4.6.1　防治原则

贯彻“预防为主，综合防治”的植保方针。以农业防治为基础，提倡生物防治，按照病虫害的发生规律科学使用化学防治技术。

4.6.2　常见病虫害

常见病虫害有霜霉病、白粉病、灰霉病、蚜虫等。

4.6.3　防治方法

4.6.3.1　农业防治

秋冬季和初春，及时清理果园中的病僵果、病虫枝条、病叶等，减少果园初侵染病源和虫源。采用果实套袋措施。合理间作，适当稀植。采用滴灌、树下铺膜等技术。加强夏季管理，避免树冠郁蔽。

4.6.3.2　物理防治

采取避雨、套袋等技术减少病害发生；利用糖醋液、频振式杀虫灯诱杀成虫。

4.6.3.3　生物防治

助迁和保护瓢虫、捕食螨等害虫天敌；应用有益微生物及其代谢产物防治病虫害；利用昆虫性外激素诱杀和干扰成虫交配。

4.6.3.4　化学防治

严格按照《绿色食品　农药使用准则》（NY/T 393）的规

定执行。加强病虫害的预测预报，应做到对症下药、适时用药；注重药剂的轮换使用和合理混用；按照规定的浓度、合理使用次数和安全间隔期（最后一次用药距离果实采收的时间）使用。对化学农药的使用情况进行严格、准确的记录。主要病虫害防治推荐农药使用方案见附录 A。

5　采收

5.1　采收标准

葡萄浆果充分成熟，有色品种充分表现出固有品种色泽，黄白色品种的浆果呈略透明状态，同时，果肉变软且富有弹性。可溶性固形物含量达到葡萄等级标准规定（用可持式折光测糖仪测定）。品种充分成熟而不过熟。

5.2　采收时间

葡萄果粒转化为本品种的正常成熟色，在果粒上覆盖一层厚厚的果粉时采收品质最佳。

5.3　采收方法

采收时，左手持果穗，右手握采果剪，在距离果穗 3 cm～5 cm 处剪断。将剪下的果穗放进果筐内，然后送到果场修整果穗，剪除果穗上病、虫、鸟为害过的果粒，干枯、腐烂、挤破压烂的果粒，发育不完全的小青粒，以及着色不良成熟度低的果粒。

6　分级、包装、贮藏与运输

包装应符合《绿色食品　包装通用准则》（NY/T 658）的规定，应选择适当的包装材料、形式和方法。贮藏运输应符合《绿色食品　储藏运输准则》（NY/T 1056）的规定，贮存环境必须洁净卫生。根据产品特点、贮藏原则及要求，选用合适的贮存技术和方法。不应与农药、化肥及其他化学制品一起运输。

7 生产废弃物处理

葡萄园中的落叶和修剪下的枝条，带出园外进行无害化处理。修剪下的枝条，量大时，经粉碎、堆沤后，作为有机肥还田。废弃的地膜、棚膜、果袋和农药包装袋等应收集好进行集中处理，减少环境污染。

8 生产档案管理

建立完善的生产技术档案，记录生产过程中的栽培管理措施（如农药、肥料使用情况等）及加工管理措施等。生产档案应保存 3 年以上。

附录 A
(资料性附录)
重庆地区绿色食品葡萄生产主要病虫害防治推荐农药使用方案

重庆地区绿色食品葡萄生产主要病虫害防治推荐农药使用方案见表 A. 1。

表 A. 1 重庆地区绿色食品葡萄生产主要病虫害防治推荐农药使用方案

防治对象	防治时期	农药名称	使用剂量	施药方法	安全间隔期（d）
霜霉病	发病前和发病初期	80%波尔多液可湿性粉剂	300 倍液～400 倍液	喷雾	
	花期前后	25%嘧菌酯悬浮剂	1 000 倍液～2 000 倍液	喷雾	7
白粉病	病菌侵染初期	29%石硫合剂水剂	6 倍液～9 倍液	喷雾	15
灰霉病	花期前后	50%异菌脲可湿性粉剂	750 倍液～1 000 倍液	喷雾	14
	发病初期	50%嘧菌环胺水分散粒剂	700 倍液～1 000 倍液	喷雾	7
	发病前或发病初期	43%腐霉利悬浮剂	600 倍液～1 000 倍液	喷雾	14
蚜虫	发生初期	1. 5%苦参碱可溶液剂	3 000 倍液～4 000 倍液	喷雾	10
注：农药使用以最新版本《绿色食品　农药使用准则》（NY/T 393）的规定为准。					

重庆地区绿色食品柠檬生产操作规程

1　园地选择与规划

1.1　园地选择

1.1.1　气候条件

年平均气温 17 ℃～21 ℃，绝对最低温不低于-2 ℃，1 月平均气温不低于 6 ℃，≥10 ℃的年积温 5 300 ℃以上，年日照时数不少于 1 000 h，年降水量在 700 mm 以上。

1.1.2　土壤条件

土壤为微酸性或中性的砂壤土或壤土，土层深厚，疏松肥沃，质地良好，有机质含量不低于 1.0%，常年地下水位应在 1.0 m 以下。

1.1.3　产地环境

产地环境符合《绿色食品　产地环境质量》（NY/T 391）的规定。

1.2　园地规划

划分小区，修筑必要的道路、排灌和蓄水设施、附属建筑等，建立水肥一体化管网设施。如需要建防护林，应选择速生树种，并与柠檬没有共生性病虫害。

平地及坡度在 6°以下的缓坡地，栽植行为南北向。坡度在

6°～25°的山地、丘陵地，建园时宜修筑水平梯地，栽植行的行向与梯地走向相同。

水土保持综合治理按《水土保持综合治理　规划通则》（GB/T 15772）执行。

1.3　品种和砧木选择

1.3.1　品种选择

选择适宜本地区、有较强抗病虫性和抗逆性的优良品种。

1.3.2　砧木选择

适宜柠檬采用的砧木有香橙、酸柚、红橘、枳等。碱性土不用枳作砧木。

2　栽植

2.1　苗木质量

选择检疫合格且无病的嫁接苗。嫁接口距地面高度在 15 cm 以上。1 年生苗高 60 cm 以上，嫁接口以上 2 cm 处树干直径大于 0.8 cm，根系完整，主干直立（倾斜度≤15°）。提倡栽植容器苗、脱毒苗。

2.2　栽植时间

一般在 9 月—10 月秋梢老熟后或 2 月—3 月春梢萌芽前栽植。干热河谷区宜在 5 月—6 月雨季来临前栽植。容器苗或带土移栽不受季节限制。

2.3　栽植密度

一般每亩栽植 33 株～55 株为宜，株行距（3 m～4 m）×（4 m～5 m）。

2.4　栽植技术

栽植穴长、宽、深均为 60 cm～100 cm，在砂土或紫色土瘠薄地可适当加大、加深。每穴施足有机肥，以腐熟的农家肥为主，辅以柠檬专用配方肥。将肥料与土混匀填入地平面 30 cm 以下，回填后定植墩高于地平面 30 cm 以上。清除苗木嫁接膜、适度修剪苗木的根系和枝叶，剪去过长主根、伤根和幼嫩的晚秋梢。将苗木根部放入栽植穴中央，舒展根系，扶正，边填细土边轻轻向上提苗、踏实，使根系与土壤密接。填土后在树苗周围做直径 1 m 的树盘，浇透定根水，覆细土。栽植深度以土壤下沉后苗木根颈露出地面为宜。定植后 1 个月内不施肥，须勤浇水，干旱季节或干旱地区灌水后树盘可覆盖薄膜、稻草、杂草或秕壳以保墒。

3　土肥水管理

3.1　土壤管理

3.1.1　深翻扩穴，熟化土壤

深翻扩穴在秋梢停长后至春季发芽前进行为宜，冬季低温期不宜进行深翻。从树冠外围滴水线处开始，逐年向外扩展 0.4 m～0.5 m，深 0.5 m～0.8 m。回填时混以符合《绿色食品　肥料使用准则》（NY/T 394）规定的肥料，表土放在底层，心土放在表层，然后对穴内灌足水分。

3.1.2　间作或生草

柠檬园宜实行生草制，行间间作浅根、矮秆的豆科植物和禾本科牧草或绿肥。间作物、草类应与柠檬无共生性病虫，忌藤蔓、高秆作物。

3.1.3　除草

不实行生草栽培的果园每年除草 2 次～3 次，在春、夏、秋季和采果后进行。

3.1.4 覆盖与培土

在冬、夏两季，用麦秸、麦糠、稻草、杂草、树叶、油菜壳等覆盖树盘，覆盖厚度 20 cm～25 cm，覆盖物应与根颈保持 30 cm 左右的距离。培土在秋、冬季进行。可培入符合《绿色食品　肥料使用准则》（NY/T 394）规定的塘泥、河泥、沙土或园地附近的肥沃土壤，厚度 8 cm～10 cm，根颈露出地面。

3.2 施肥

3.2.1 施肥原则

肥料的种类、质量和使用方法必须符合《绿色食品　肥料使用准则》（NY/T 394）的规定。以施用有机肥为主，合理施用化肥，有针对性地补充中微量元素肥料，充分满足柠檬对各种营养元素的需求。

3.2.2 施肥方法

3.2.2.1 土壤施肥

采用环状沟施、条沟施、放射状沟施、穴施和土面撒施等方法。在树冠滴水线外侧挖沟（穴），深度 20 cm～40 cm。东西、南北对称轮换位置施肥。土面撒施的肥料应以造粒复混肥或缓释肥为主。速溶化肥应浅沟（穴）施，有微喷和滴灌设施的柠檬园，可施用液态肥料。

3.2.2.2 叶面追肥

选用适宜的大量元素肥料或微量元素肥料进行叶面喷施，在新梢老熟前各喷 2 次～3 次，以补充树体对营养的需求。成年结果树主要在春梢、秋梢生长期酌情进行叶面追肥。叶面追肥可结合病虫害防治进行。叶面追肥在高温干旱期应按使用范围的下限施用，距果实采收期 30 d 内停止叶面追肥。

3.2.3 幼树施肥

坚持勤施、薄施，以氮肥为主，配合施用磷肥、钾肥。一年生和二年生幼树单株年施尿素 0.4 kg、磷酸一铵 0.2 kg、硫酸钾 0.3 kg，2 月—10 月每月施肥 1 次～2 次；三年生树年施肥 4 次～5 次，单株年施尿素 0.5 kg、磷酸一铵 0.25 kg、硫酸钾 0.35 kg，在 2 月、5 月、7 月、9 月或 10 月施用。随树龄增大，施肥量逐渐增加。投产前一年，控施氮肥，增施磷肥和钾肥。

3.2.4 成年树施肥

一般亩产 2 500kg 以上的果园，每年每亩施腐熟有机肥 2 000 kg～4 000 kg、尿素 45 kg～57 kg、磷酸一铵 15 kg～20 kg、硫酸钾 30 kg～36 kg。有机肥于 10 月至 11 月上旬施采果肥（基肥）时一次性施入，与化肥分层或混合埋施。化肥全年分 3 次施入：2 月下旬至 3 月上旬施萌芽（花前）肥，每亩施尿素 15 kg～18 kg、磷酸一铵 4 kg～5 kg、硫酸钾 8 kg～10 kg；6 月至 7 月中下旬施稳（壮）果肥，每亩施尿素 16 kg～23 kg、磷酸一铵 8 kg～10 kg、硫酸钾 14 kg～16 kg；10 月至 11 月上旬施采果肥（基肥），每亩施尿素 14 kg～16 kg、磷酸一铵 3 kg～5 kg、硫酸钾 8 kg～10 kg。

亩产 1 500 kg～2 500 kg 的果园，每年每亩施腐熟有机肥 2 000 kg～4 000 kg、尿素 40 kg～48 kg、磷酸一铵 14 kg～18 kg、硫酸钾 30 kg～36 kg。有机肥于 10 月至 11 月上旬施采果肥（基肥）时一次性施入，与化肥分层或混合埋施。化肥全年分 3 次施入：2 月下旬至 3 月上旬施萌芽（花前）肥，每亩施尿素 12 kg～15 kg、磷酸一铵 4 kg～5 kg、硫酸钾 8 kg～10 kg；6 月至 7 月中下旬施稳（壮）果肥，每亩施尿素 15 kg～18 kg、磷酸一铵 6 kg～8 kg、硫酸钾 14 kg～16 kg；10 月至 11 月上旬施采果肥（基肥），每亩施尿素 13 kg～15 kg、磷酸一铵 4 kg～5 kg、硫酸钾 8 kg～10 kg。

亩产 1 500 kg 以下的果园，每年每亩施腐熟有机肥3 000 kg～4 000 kg、尿素 35 kg～46 kg、磷酸一铵 14 kg～18 kg、硫酸钾 25 kg～33 kg。有机肥于 10 月至 11 月上旬施采果肥（基肥）时一次性施入，与化肥分层或混合埋施。化肥全年分 3 次施入：2 月下旬至 3 月上旬施萌芽（花前）肥，每亩施尿素 11 kg～13 kg、磷酸一铵 3 kg～4 kg、硫酸钾 6 kg～8 kg；6 月至 7 月中下旬施稳（壮）果肥，每亩施尿素 14 kg～17 kg、磷酸一铵 6 kg～8 kg、硫酸钾 11 kg～15 kg；10 月至 11 月上旬施采果肥（基肥），每亩施尿素 10 kg～16 kg、磷酸一铵 5 kg～6 kg、硫酸钾 8 kg～10 kg。

3.3 水分管理

3.3.1 灌溉

在春梢萌动及开花期和果实膨大期，根据柠檬植株对水分的需求和土壤水分状况适时适量灌溉，保持土壤湿度为田间最大持水量的 60%～80%。灌溉方式可采取滴灌、树盘灌溉、沟灌、喷灌等。干旱地区及丘陵地区可采用穴贮肥水灌溉。灌溉水的水质应符合《绿色食品　产地环境质量》（NY/T 391）的规定。

3.3.2 排水

设置排水系统并及时清淤，多雨季节或果园积水时通过沟渠及时排水。

4 整形修剪

4.1 整形

主要树形为自然圆头形和自然开心形，通过整形培养树体的主干和骨架主枝，选配 3 个～4 个主枝，每个主枝配备 2 个～3 个副主枝，主枝、副主枝均匀分布。选留主枝、副主枝的先端健壮枝为延长枝。

4.2 修剪

4.2.1 幼树期

以轻剪为主。在中央干延长枝以及各主枝、副主枝延长枝老熟饱满芽处进行中度至重度短截（短截 1/3～1/2），并以短截程度和剪口芽方向调节各主枝之间生长势的平衡。轻剪其余枝梢，避免过多的疏剪和重短截。除对过密枝群适当疏删外，内膛枝和树冠中下部较弱的枝梢一般均应保留。徒长枝除用于填空补缺进行摘心或短截外，其余的删除。二年生和三年生壮树在7 月—9 月进行撑、拉、吊枝，扩大枝条角度，促进早结果。

4.2.2 初结果期

以冬季轻剪为主，辅以摘心和短剪。对过长的营养枝留 8 片～10 片叶（20 cm～25 cm）摘心或短截，促发分枝。继续选择和短截处理各级骨干枝延长枝，抹除夏梢和徒长枝，促发健壮春梢和秋梢。7 月—9 月进行撑、拉、吊枝和扭枝，促进开花结果。

4.2.3 盛果期

以夏季修剪为主，辅以春季抹芽摘心以及冬季回缩修剪与大枝处理，减少修剪量，增强树势，调节生长与结果平衡。春季通过适当抹芽或摘心调节春梢或新叶与花蕾、幼果的比例，提高坐果率。夏季通过修剪促进夏花果实生长发育和秋梢生长。抹除夏梢。疏除交叉重叠枝、密弱枝、病虫枝、枯枝、徒长枝。回缩结果枝组，短剪强枝和结果后下垂衰弱枝。对抽生较长的春、秋梢营养枝，保留 8 片～10 片叶摘心。对顶部过多的直立大枝，按强树疏强枝、中庸树疏直立枝的原则处理。对较拥挤的骨干枝适当疏剪开出“天窗”，改善树冠内膛光照条件。

4.2.4 衰老更新期

应减少花量，回缩衰弱枝组，疏删密弱枝群，短截夏、秋梢营养枝，促发春、夏、秋梢，并短截强枝、保留中庸枝、疏去弱枝，以恢复树势。

5 花果管理

5.1 控花疏果

5.1.1 控花

冬季短截、回缩修剪，疏除部分结果母枝；春季花前复剪，强枝适当多留花，弱枝少留花或不留花，减少无效花量；疏除畸形花、病虫花等。

5.1.2 人工疏果

分两次进行。第一次生理落果后，只疏除病虫果、畸形果、密弱果；第二次生理落果结束后，根据树势疏果，确定适宜的留果量。

5.2 保花保果

初花期喷施 0.3% 尿素 +（0.2%～0.3%）磷酸二氢钾 +（0.1%～0.3%）硼砂，或幼果期喷施 0.3% 尿素 +（0.2%～0.3%）磷酸二氢钾，间隔 7 d 喷一次，连续喷 2 次～3 次，以提高坐果率。提倡果园养蜂。及时控制或抹除过多过旺夏梢。

5.3 促进和利用夏花结果

当春花果不足时，促进和利用夏花结果。

5.4 果实套袋

春花果套袋在第二次生理落果结束后6月下旬至7月上旬进行。套袋前根据当地主要病虫害防治需要，选用啶虫脒或螺虫乙酯等杀虫剂、代森锰锌等杀菌剂、唑螨酯等杀螨剂混合后仔细喷雾1次，待药水干后，用专用果袋及时套袋。

6 病虫害防治

按照“预防为主，综合防治”的植保方针，坚持“农业防治、物理防治、生物防治为主，化学防治为辅”的原则。

常见虫害包括害螨（柑橘红蜘蛛、黄蜘蛛、锈壁虱）、蚜虫、介壳虫（矢尖蚧、吹绵蚧、红蜡蚧）、花蕾蛆、潜叶蛾等；常见病害包括炭疽病、树脂病（黑点病、砂皮病、流胶病、褐色蒂腐病）、疮痂病、黑斑病、脚腐病等。

6.1 农业防治

因地制宜，选择抗性品种和砧木；科学施肥，合理负载，增强树势；科学整形，合理修剪，保持树冠通风透光良好；冬季清园，剪除病虫枝、清除枯枝落叶、树干刷白，减少病虫源；土壤改良，地面覆盖，促进树体健壮生长，增强树体抗性。

6.2 物理防治

根据害虫生物学特性，采用糖醋液、黑光灯、频振式杀虫灯、树干缠草把、黏着剂、性诱剂或防虫网等防控害虫。

6.3 生物防治

改善果园生态环境，保护瓢虫、草蛉、捕食螨等天敌；人工引移、繁殖释放天敌防治害虫，花前引移、释放捕食螨防治害螨；人工捕杀天牛、吉丁虫等害虫；利用有益微生物或其代谢物等生物制剂控制病虫害。

6.4　化学防治

根据病虫监测，掌握病虫害发生动态，达到防治指标时根据环境和物候期适时对症用药。使用与环境相容性好、高效、低毒、低残留的农药。轮换使用不同作用机理的农药。严格执行农药安全间隔期。农药品种的选择和使用应符合《绿色食品　农药使用准则》（NY/T 393）的规定。主要病虫害防治推荐农药使用方案见附录 A。

7　采收与贮存

7.1　采收

鲜销果在果实正常成熟、具有本品种固有的品质特征（色泽、香味、风味和固酸比等）时采收。避免在雨天采果，采取二剪法采果，减少果实伤口，降低果实腐烂率，提高采果质量。禁止使用有毒有害药品处理果实。果品质量应符合《绿色食品　柑橘类水果》（NY/T 426）的要求。

7.2　贮存

果实贮存应符合《绿色食品　储藏运输准则》（NY/T 1056）的规定。贮存场地应干净、卫生，应分等级、包装规格堆放，批次分明、堆码整齐，不得与有毒、有害、有异味物品混放。冷库贮存时，应经 2 d～3 d 预冷后达到最终冷藏温度方可入库冷藏，冷藏库内温度为 10 ℃～12 ℃，空气相对湿度为 80%～85%。

8　生产废弃物的处理

用作绿肥或有机肥的秸秆覆盖果园或埋入施肥穴。在田边地角建设废弃物收集处理池，落叶、落果、枯枝等集中深埋。集中处理废弃的农用塑料膜、农药包装袋（瓶）。

9 生产档案管理

应详细记录产地环境条件、生产技术、病虫草害的发生和防治、采收及采后处理等情况并保存记录。生产档案应专人专柜保管，至少保存3年。

附录 A
(资料性附录)
重庆地区绿色食品柠檬生产主要病虫害防治推荐农药使用方案

重庆地区绿色食品柠檬生产主要病虫害防治推荐农药使用方案见表 A. 1。

表 A. 1　重庆地区绿色食品柠檬生产主要病虫害防治推荐农药使用方案

防治对象	防治时期	农药名称	使用剂量	施药方法	安全间隔期(d)
疮痂病	春梢新芽萌动至芽长 2 mm 前及谢花 2/3 时;秋梢发病地区须喷药保护	80%代森锰锌可湿性粉剂	500 倍液~625 倍液	喷雾	21
炭疽病	春、夏梢嫩梢期和果实接近成熟时	50%甲基硫菌灵可湿性粉剂	1 000 倍液~1 500 倍液	喷雾	21
溃疡病	4 月—9 月发病初期	28%波尔多液悬浮剂	100 倍液~150 倍液	喷雾	10
树脂病(黑点病、砂皮病、流胶病、褐色蒂腐病)	谢花至果实膨大期，谢花 2/3 时第一次喷药，14 d~20 d 一次，连续 4 次~5 次	80%代森锰锌可湿性粉剂	400 倍液~600 倍液	喷雾	21
		40%氟环·多菌灵悬浮剂	2 000 倍液~3 000 倍液	喷雾	28

（续表）

防治对象	防治时期	农药名称	使用剂量	施药方法	安全间隔期（d）
螨类（红蜘蛛、黄蜘蛛等）	发生初期	45%石硫合剂结晶粉	200 倍液～300 倍液	喷雾	
		40%联肼·螺螨酯悬浮剂	2 500 倍液～3 000 倍液	喷雾	30
锈壁虱	叶片或果上每视野有 2 头～3 头；当年春梢叶背出现被害状；果园中发现 1 个果出现被害状	5%虱螨脲悬浮剂	2 000 倍液～2 500 倍液	喷雾	23
		5%石硫合剂结晶粉	300 倍液～500 倍液	喷雾	
蚜虫	新梢有蚜率 25%左右	10%吡虫啉可湿性粉剂	3 000 倍液～5 000 倍液	喷雾	14
		5%啶虫脒乳油	4 000 倍液～5 000 倍液		14
		1. 5%苦参碱水剂	3 000 倍液～4 000 倍液		10
矢尖蚧	初花后 1 个月左右，或有越冬雌成虫的秋梢叶达 10%以上	65%噻虫嗪可湿性粉剂	2 000 倍液～3 000 倍液	喷雾	35
红蜡蚧	当年生春梢枝上初见幼蚧后 20 d～25 d	4. 5%高效氯氰菊酯乳油	900 倍液		40

（续表）

防治对象	防治时期	农药名称	使用剂量	施药方法	安全间隔期（d）
潜叶蛾	多数新梢嫩芽长0.5 cm～2 cm	20%啶虫脒乳油	12 000倍液～16 000倍液	喷雾	10
		20%甲氰菊酯水乳剂	1 500倍液～2 000倍液	喷雾	30
		5%虱螨脲悬浮剂	2 000倍液～2 500倍液	喷雾	23
		25%除虫脲悬浮剂	2 000倍液～4 000倍液	喷雾	28
注：农药使用以最新版本《绿色食品　农药使用准则》（NY/T 393）的规定为准。					

重庆地区绿色食品杂柑生产操作规程

1　术语与定义

杂柑

杂柑是指可作为果树栽培的柑橘属间或种间杂种的统称。目前以鲜食为主的杂柑以柚、橘、橙间的杂种居多；作为砧木的主要有枳橙、枳柚等。本规程中主要包括以生产鲜果为主要用途的橘橙、橘柚类杂柑。

2　产地环境

产地环境条件应符合《绿色食品　产地环境质量》（NY/T 391）的要求。

2.1　基地选址

基地要求离交通要道有一定距离，无扬尘，周边无工矿企业，空气质量良好；灌溉水源周边无工矿企业及生活污染源。

2.2　地形地势

平地果园应具有良好排水条件，排水不畅的低洼地不宜栽植和发展杂柑，土层内常年地下水位应在 100 cm 以下。冷空气易沉积的山谷地不宜栽植和发展杂柑。

2.3　土壤条件

土壤质地良好，疏松肥沃，最适土壤 pH 值为 5.5～6.5；土壤质地最适为中壤土、砂壤土和轻黏土；重黏土也可栽植，但应在栽植以前进行改良，未进行改良则不宜栽植；土壤活土层厚度应在 80 cm 以上，最好在 100 cm 以上，土壤有机质含量应达 1% 以上。

2.4 气候条件

年平均温度在 16.0 ℃以上，最冷月 1 月平均气温在 2.0 ℃以上，≥10 ℃年活动积温在 4 200 ℃以上，最冷月极端低温平均值在-5.0 ℃以上。

3 品种（或苗木）选择

3.1 选择原则

杂柑品种包括接穗品种和砧木品种，接穗品种选择应符合当地柑橘产业发展规划，注重鲜食，以早熟品种为主。砧木品种选择要因地制宜，土壤较为贫瘠的区域选择优良枳橙砧木为宜，碱性重的石灰性紫色土则选择软枝香橙、红橘砧木为宜。

3.2 品种选用

适宜重庆地区栽植的优良杂柑品种有爱媛 38 号、不知火、春见、清见等。

4 整地和栽植

4.1 整地

按照平地南北成行，坡地行向与坡向平行整地开挖定植穴，尽量保持相邻台地对齐。挖长 60 cm、宽 60 cm、深 60 cm 的定植穴（或定植沟），秸秆（玉米秆、稻草等作物）、杂草、堆肥均可作为有机肥填入定植穴（或定植沟），每穴 8 kg～10 kg，复合肥 1 kg，分层压埋。

4.2 栽植

4.2.1 苗木质量

无检疫性病虫害，根系发达，苗高40 cm以上，径粗0.6 cm以上，品种纯正。

4.2.2 栽植时间

一般在9月—10月秋梢老熟后或2月—3月春梢萌芽前栽植，采用柑橘容器苗，定植时间2月—10月。

4.2.3 栽植密度

根据品种特性和砧木种类，亩植36株～60株。

4.2.4 栽植技术

栽前回填树窝至少比地表高10 cm，让土壤提前沉降，定植时回填部分表土到合适高度后，放入苗木，根颈高出地表10 cm～15 cm，然后回填打细的表土，分层踩实，灌水覆膜。

5 田间管理

5.1 灌溉

5.1.1 水质要求

灌溉水要求无污染，水质达到《绿色食品　产地环境质量》（NY/T 391）的要求。

5.1.2 灌溉时期

春梢萌动期、开花期和果实膨大期，当土壤含水量砂土低于5%、壤土低于15%、黏土低于20%时须及时灌水。高温期的灌水时间宜在傍晚至清晨进行。果实成熟前1个月，须保持土壤适度干旱，即使出现轻微卷叶也可不灌水。保持根区土壤水分含量维持在土壤田间持水量的60%～70%。幼树灌溉宜次多量少，提倡滴灌或微喷灌溉。晚秋和初冬土壤过于干旱时可适度灌溉，但应控制灌水量。

5.1.3 排水

设置排水系统并及时清淤，多雨季节或果园积水时通过沟渠及时排水。

5.2 施肥

5.2.1 施肥原则

应充分满足杂柑对各种营养元素的需要，提倡多施有机肥，合理施用无机肥，正确掌握施肥量、施肥时期和方法，提高肥料利用率，提倡叶片营养诊断配方施肥。推荐多施生物有机肥和沼气液。人畜粪尿等须经 50 ℃以上高温发酵 7 d 以上方可使用。

5.2.2 施肥时期及方法

5.2.2.1 幼年树

每年追施 6 次～8 次。在每次新梢萌发前至老熟期间，各追施 2 次～3 次，以速效性氮肥为主，最好施用沼气液，每次每亩浇施 500 kg 左右。11 月结合改土施有机肥一次，要求施肥沟宽 0.5 m、深 0.4 m～0.8 m，每亩施腐熟猪牛鸡粪2 000 kg、饼肥 150 kg、钙镁磷肥 50 kg，酸性土壤加施 50 kg 生石灰。

5.2.2.2 成年结果树

2 月上旬春梢萌发前浅沟（沟深 10 cm）施硫酸钾复合肥及生物有机肥，每亩施硫酸钾复合肥 25 kg、生物有机肥 25 kg～50 kg。

7 月上旬环状沟（沟深 20 cm～30 cm）施硫酸钾复合肥及生物有机肥。每亩施硫酸钾复合肥 25 kg、生物有机肥 25 kg～50 kg。

于春夏秋梢萌发前追施 1 次沼液，春夏秋梢老熟期再追施

1 次沼液，每次每亩用沼液 500 kg。

10 月至 11 月中旬前开沟（沟深 60 cm～70 cm）施基肥，每亩施腐熟猪牛鸡粪 2 000 kg、钙镁磷肥 50 kg、饼肥 150 kg，酸性土壤加施 50 kg 生石灰。

5.3 病虫草害防治

5.3.1 防治原则

应坚持“预防为主，综合防治”的植保方针，优先采用农业措施，尽量利用物理和生物措施。必要时，合理使用低风险农药。农药的使用应符合《绿色食品 农药使用准则》（NY/T 393）的规定。

5.3.2 常见病虫草害

5.3.2.1 病害

常见病害有溃疡病、炭疽病、疮痂病、黑斑病等。

5.3.2.2 虫害

常见虫害有红蜘蛛、蚜虫、花蕾蛆、介壳虫、粉虱、金龟子、天牛、蛾类等。

5.3.2.3 草害

草害主要为田间杂草。

5.3.3 防治措施

5.3.3.1 农业防治

选用抗病品种、砧木。实施翻土、修剪、清洁果园、排水、控梢等农业措施，减少病虫源，加强栽培管理，增强树势，提高树体自身抗病虫能力。提高采果质量，减少果实伤口，降低果实腐烂率。农家肥须充分腐熟后施用，通过高温发酵杀死杂草种子。为防止果园外的杂草侵入，须及时除去果园周围的杂草。

5.3.3.2 物理防治

可用杀虫灯引诱或驱避吸果夜蛾、金龟子、卷叶蛾等；可用糖、酒、醋等配成糖醋液诱杀害虫；集中种植害虫中间寄主诱杀害虫；人工捕捉天牛、金龟子等害虫；结合果园浅耕，在杂草结籽前，人工铲除杂草。

5.3.3.3 生物防治

改善果园生态环境，保护瓢虫、草蛉、捕食螨等天敌；人工引移、繁殖释放天敌；利用有益微生物或其代谢物等生物制剂防控病虫害；采用性诱剂诱杀害虫。养殖家禽除草，果园内饲养草食性家禽，不仅可以除草，还可以增加果园土壤的有机质，提高土壤肥力。

5.3.3.4 化学防治

加强病虫害预测预报，适时用药；注重药剂的轮换使用和合理混用；严格按照农药安全使用间隔期与规定的用药浓度用药，严格掌握施药浓度，喷雾、撒施均匀。对化学农药的使用情况进行严格、准确的记录。主要病虫害防治推荐农药使用方案见附录 A。

5.4 其他管理措施

5.4.1 土壤管理

5.4.1.1 深翻扩穴，熟化土壤

深翻扩穴一般在秋梢停止生长后进行，从树冠外围滴水线处开始，逐年向外扩展宽 0.5 m、深 0.6 m～0.8 m 的扩穴沟。回填时每株混以绿肥、秸秆 20 kg～30 kg，腐熟的人畜粪尿、堆肥、厩肥、饼肥等 25 kg，钙镁磷肥 1 kg～2 kg，酸性土加 1 kg 生石灰。表土放在底层，心土放在表层，然后对穴内灌足水。

5.4.1.2 间作或生草

柑橘园宜实行间作或生草制，种植的间作物或草类应与柑橘无共生性病虫，浅根，矮秆，以豆科植物、禾本科牧草和藿香蓟为宜，适时刈割翻埋于土壤中或覆盖于树盘。

5.4.1.3 覆盖与培土

高温或干旱季节，适时用秸秆等覆盖树盘，厚度 10 cm～15 cm，覆盖物应与根颈保持 10 cm 左右的距离。培土在冬季中耕松土后进行，可培入塘泥、河泥、沙土或柑橘园附近的肥沃土壤，厚度 8 cm～10 cm。

5.4.1.4 中耕

可在夏、秋季和采果后进行，每年中耕 3 次～4 次，保持土壤疏松通气无杂草。中耕深度 8 cm～15 cm，坡地宜深些，平地宜浅些。雨季不宜中耕。

5.4.2 整形修剪

5.4.2.1 原则

因地制宜，因树因品种修剪，达到通风透光、立体结果、省力增效的目的。

5.4.2.2 适宜树形

适宜树形为自然开心形，干高 20 cm～40 cm，主枝（3 个～4 个）在主干上的分布错落有致。主枝分枝角 30°～50°，各主枝上配置副主枝 2 个～3 个，一般在第三主枝形成后，即将类中央干剪除或扭向一边作结果枝组。

5.4.2.3 修剪时期

采果后至翌年春芽萌发前修剪。一般在采果后进行；春梢萌发至秋梢停止生长期间无须修剪。

5.4.2.4 修剪要点

（1）幼树期

以轻剪为主，以抹芽、轻度短截等方式调节各主枝之间生长势的平衡。轻剪其余枝梢，避免过多的疏剪和重短截，内膛枝和树冠中下部较弱的枝梢一般保留。

（2）初结果期

继续选择和短截处理各级骨干枝延长枝，抹除夏梢，促发健壮秋梢。对过长的营养枝留 8 片～10 片叶及时摘心，回缩或短截结果枝组。秋季对旺长树采取环割、断根、控水等促花措施。

（3）盛果期

及时回缩结果枝组、落花落果枝组和衰退枝组。剪除枯枝、病虫枝。对较拥挤的骨干枝适当疏剪开出“天窗”，将光线引入内膛。对当年抽生的夏梢、秋梢营养枝，通过短截其中部分枝梢调节翌年产量，防止大小年结果。花量较大时适量疏花或疏果。对无叶枝组，在重疏删的基础上，对大部分或全部枝梢短截处理。

（4）衰老更新期

应减少花量，甚至舍弃全部产量以恢复树势。在回缩衰弱枝组的基础上，疏删密弱枝群，短截所有夏梢、秋梢营养枝和有叶结果枝。极衰弱植株在萌芽前对侧枝或主枝进行回缩处理。衰老树经更新修剪后促发的夏梢与秋梢应进行短强、留中、去弱处理。

5.4.3 花果管理

5.4.3.1 控花疏果

（1）控花

冬季修剪以短截、回缩为主；进行花期复剪，强枝适当多留花，弱枝少留或不留花，有叶单花多留，无叶花少留或不留；抹除畸形花、病虫花等。

（2）促花

在秋季采用环割、断根、拉枝、控水等措施促进幼树和旺树花芽分化。

（3）人工疏果

分两次进行，第一次疏果在第一次生理落果后，只疏除小果、病虫果、畸形果、密弱果；第二次疏果在第二次生理落果结束后，根据叶果比进行疏果。适宜的叶果比为（50～60）：1，弱树叶果比适度加大。

5.4.3.2　保花保果

加强树体管理，增强树势；花前和幼果前，喷施 0.3%磷酸二氢钾+0.1%硼砂作为营养液。

5.4.3.3　果实套袋

套袋适期为 6 月下旬至 7 月中旬（生理落果结束后）。及时选择生长正常、健壮的果实进行套袋。纸袋应选用抗风吹雨淋、透气性好的柑橘专用纸袋，以单层袋为宜。果实采收前 15 d 左右摘袋。

6　采收

6.1　采收时间

鲜销果在果实正常成熟、表现出本品种固有的品质特征（色泽、香味、风味和口感等）时采收。贮藏果比鲜销果宜提前 7 d～10 d 采收。采收时要严格执行操作规程，做到轻采、轻放、轻装、轻卸。采果宜选择晴天，雨天、大风天不采。果面露水未干不采。采收前 1 周不宜灌水。

6.2 采收方法

采果应按先外后内、由下到上的顺序进行，实行“一果两剪”，第一剪剪下果实，第二剪齐果蒂剪平。禁止使用有毒有害的药品处理果实。果品质量应符合《绿色食品　柑橘类水果》（NY/T 426）的要求。

7 生产废弃物的处理

全面清除果园内的落果、落叶、枯枝，可作为绿肥或有机肥覆盖果园或埋入施肥穴。田间各类废弃的农用塑料膜、农药包装袋（瓶），应清理出园，集中回收处理。

8 运输贮藏

贮藏符合《柑橘贮藏》（NY/T 1189）的规定。

8.1 室内贮藏

贮藏场地应干净、卫生，应分等级、包装规格堆放，批次分明，堆码整齐，不得与有毒、有害、有异味物品混放。冷库贮藏时，应经 2 d～3 d 预冷后达到最佳冷藏温度方可入库冷藏，冷藏库内温度为 10 ℃～12 ℃，空气相对湿度为 80%～85%。

8.2 通风库贮藏

可分为架藏和箱藏两种，一是在库内用木料或金属材料搭架，将果实直接放置在架板上贮藏；二是在库内用果箱堆码贮藏，堆放时排间须留间隙。根据通风系统的装配情况，将果箱排列成“井”字形或“品”字形。利用季节和日夜之间的温度变化，通过适时通风换气调节库内温度；通风换气的同时排除库内不良气体并调控库内空气相对湿度，必要时可对地面或墙壁喷雾，或在库内放置水盆。

8.3 运输

运输中总的要求是快装快运、轻装轻卸、防热防冻。

9 生产档案管理

应建立起绿色食品柑橘生产档案，明确记录产地环境条件、生产技术、肥水管理、病虫草害的发生和防治、采收及采后处理等情况。生产档案应保存3年以上。

附录 A
(资料性附录)
重庆地区绿色食品杂柑生产主要病虫害防治推荐农药使用方案

重庆地区绿色食品杂柑生产主要病虫害防治推荐农药使用方案见表 A. 1。

表 A. 1　重庆地区绿色食品杂柑生产主要病虫害防治推荐农药使用方案

防治对象	防治时期	农药名称	使用剂量	施药方法	安全间隔期（d）
溃疡病	发病初期	46%氢氧化铜水分散粒剂	1 000 倍液～2 000 倍液	喷雾	3
		36%春雷·喹啉铜悬浮剂	2 000 倍液～3 000 倍液	喷雾	21（每季最多 3 次）
炭疽病	发病初期	12. 5%氟环唑悬浮剂	1 500 倍液～2 400 倍液	喷雾	21
	春梢 1 cm 左右长时喷第一次药	64%苯甲·锰锌可湿性粉剂	500 倍液～1 500 倍液	喷雾	20
疮痂病	春梢新芽萌动至芽长 2 mm 前及谢花 2/3 时；秋梢发病地区须喷药保护	80%代森锰锌可湿性粉剂	500 倍液～625 倍液	喷雾	21
	发病前或发病初期	40%苯醚甲环唑悬浮剂	3 200 倍液～3 600 倍液	喷雾	30
黑斑病	发病初期	35%氟菌·戊唑醇悬浮剂	2 000 倍液～4 000 倍液	喷雾	21

（续表）

防治对象	防治时期	农药名称	使用剂量	施药方法	安全间隔期（d）
红蜘蛛	大量产卵的嫩梢期	30%联肼·乙螨唑乳油	6 000倍液～8 000倍液	喷雾	21
	低龄若螨始盛期	30%乙螨唑悬浮剂	10 000倍液～14 000倍液	喷雾	28
蚜虫	盛发期	5%啶虫脒乳油	4 000倍液～5 000倍液	喷雾	14
粉虱	若虫盛发期	5%啶虫脒乳油	2 000倍液～4 000倍液	喷雾	21
天牛	羽化盛期	40%噻虫啉悬浮剂	3 000倍液～4 000倍液	喷雾	21
注：农药使用以最新版本《绿色食品　农药使用准则》（NY/T 393）的规定为准。					

重庆地区绿色食品琯溪蜜柚生产操作规程

1 产地环境

1.1 基地选址

选择交通便利、水源充足、远离污染源与检疫性病虫害、具有隔离条件的地块建园。产地环境应符合《绿色食品　产地环境质量》（NY/T 391）的要求。

1.2 地形地势

选择坡度不超过20°的丘陵坡地、平地。

1.3 土壤条件

选择土层深厚、土壤肥沃疏松、有机质含量不低于1.0%、pH值为5.0～7.5、地下水位在1 m以下、水源条件好的园地。

1.4 气候条件

年平均温度为16.5 ℃～21 ℃，1月平均温度不低于7 ℃，≥10 ℃的年积温5 000 ℃以上。

2 苗木质量

苗木产地检疫符合《柑桔苗木产地检疫规程》（GB 5040）的要求，苗木质量符合《柑桔嫁接苗》（GB/T 9659）的要求，提倡栽植无病容器苗。

3　苗木栽植

3.1　栽植时间

春季2月—4月或秋季9月—10月栽植为宜。容器苗除1月外其他月份均可定植。

3.2　栽植规格

每亩栽植琯溪蜜柚33株，株行距4 m×5 m。

3.3　栽植要求

平地南北行向栽植，坡地等高线栽植。栽植30 d左右定点放线，挖长、宽、深均为80 cm～100 cm的定植穴，定植穴内分层埋压有机肥50 kg～100 kg，然后回填泥土，回填后定植墩高于地平面30 cm以上，将苗木的根系和枝叶适度修剪后放入定植穴中央，舒展根系，扶正树干，边填土边轻轻向上提苗，踏实，覆土至根颈处，嫁接口露出地面10 cm为宜。填土后在树苗周围做直径1 m的树盘，浇足定根水。

4　田间管理

4.1　土壤管理

4.1.1　深翻扩穴

土层浅、土质较差的果园实施一次性改土建园。成年柚园可在树冠外围附近开条沟状深沟，分层埋施腐熟的农家肥、绿肥等有机肥。

4.1.2　间作或生草

柚园实行生草制，行间间作浅根、矮秆的豆科植物和禾本科牧草或绿肥。

4.1.3　中耕

每年在夏季或早秋季结合除草或间作中耕1次～2次，中耕深度 10 cm～15 cm。

4.1.4 覆盖

每年在高温干旱的夏季和低温的冬季覆盖秸秆保水、调节地温。

4.2 施肥

4.2.1 施肥原则

施肥以有机肥为主，合理施用化肥，有针对性地补充中微量元素。肥料种类、质量和使用方法应符合《绿色食品　肥料使用准则》（NY/T 394）的规定。

4.2.2 施肥方法

采取穴施、沟施、撒施或水肥一体化等方法施肥。在树冠滴水线外侧挖施肥沟（穴），深度 15 cm～30 cm，有机肥宜深。东西、南北对称轮换位置施肥，施肥后及时覆土、灌水。

4.2.3 幼树施肥

薄肥勤施，以氮肥为主，配合施用磷钾肥。一年生和二年生幼树单株年施氮（N）100 g～300 g，氮（N）、磷（P_2O_5）、钾（K_2O）比例为 1∶0.4∶0.6。定植后一年生幼树在 3 月—9 月每月施肥 1 次～2 次，每次施肥宜兑水施用。

4.2.4 初果期施肥

初果幼树年施肥减至 3 次～4 次，单株年施氮（N）0.46 kg，氮（N）、磷（P_2O_5）、钾（K_2O）比例为 1∶0.6∶0.8。2 月中下旬施花前肥，株施全年施肥量的 30%；7 月上中旬施壮果肥，株施全年施肥量的 50%，并增施菜籽饼 2 kg～3 kg；11 月中下旬施采果肥，株施全年施肥量的 20%，适量埋压绿肥。

4.2.5　盛果期施肥

中等肥力柚园，以产果 100 kg 计，施氮（N）0.92 kg。氮（N）、磷（P_2O_5）、钾（K_2O）比例为 1∶(0.7～0.9)∶(0.8～1.0)。花前肥株施全年施肥量的 30%，壮果肥株施全年施肥量的 50%，采果肥株施全年施肥量的 20%，有针对性地补充中量和微量元素肥料。施花前肥和壮果肥时，每年每株增施菜籽饼 4 kg～5 kg。

4.3　水分管理

4.3.1　灌溉

在春梢萌动与开花期（3 月—5 月）、果实膨大期（7 月—8 月）发生干旱时应及时进行喷灌、滴灌或皮管浇灌等，土壤浸润深度应不小于 20 cm。灌溉水的水质应符合《绿色食品　产地环境质量》（NY/T 391）的规定。

4.3.2　排水

设置排水系统并及时清淤，多雨季节或果园积水时及时开深沟（深度 60 cm～80 cm）排水。

5　整形修剪

5.1　整形

整形培养树体主干和骨架主枝，宜采用自然圆头形或自然开心形，干高 50 cm～60 cm，主枝 3 个～5 个，各主枝配置副主枝 2 个～3 个，主枝与侧枝均匀分布，配置适当侧枝、枝组。

5.2　修剪

5.2.1　幼树期修剪

以轻剪为主，疏剪和少短截。适当疏删过密枝群，保留内膛枝和树冠中下部弱枝。

5.2.2 初结果期修剪

短截处理各级骨干枝延长枝，抹除夏梢，促发健壮秋梢。对过长的营养枝留 8 片～10 片叶及时摘心，回缩或短截结果枝组，9 月—10 月对旺长树采用断根、控水等促花措施。

5.2.3 盛果期修剪

保留树冠内部和下部弱枝。及时回缩结果枝组、落花落果枝组和衰退枝组。剪除枯枝、病虫枝。对拥挤的骨干枝适当疏剪。对当年抽生的夏梢、秋梢营养枝，宜短截其中部分枝梢。

6 花果管理

6.1 促花

7 月—8 月，采取扭枝、拉枝、撑枝、吊枝等措施促进幼树与旺树花芽分化；9 月—10 月，控水或叶面喷施矮壮素等促花剂。

6.2 控花

冬春季短截、回缩修剪；花前复剪，强枝适当多留花，弱枝少留或不留花，有叶单花多留，无叶花少留。花期抹除畸形花、病虫花等。

6.3 保果

初花期喷施 0.2%硼肥，幼果期喷施磷酸二氢钾肥。

6.4 人工疏果

第二次生理落果结束后（6 月下旬），疏除小果、病虫果、畸形果、密生弱果。

6.5 果实套袋

6.5.1 套袋时间

生理落果结束后套袋，一般在 6 月下旬至 7 月上旬。

6.5.2　果袋材质要求

选用抗风、抗雨水冲刷、透气性好的双层纸袋，一般选择外层为黄色、里层为黑色的纸袋。

6.5.3　套袋方法

6.5.3.1　套袋前根据病虫发生情况全园喷1次杀菌剂、杀虫剂混合的农药，重点喷果，杀灭果面病菌和虫卵。选择的农药应符合《绿色食品　农药使用准则》（NY/T 393）的要求。

6.5.3.2　宜在露水（或药液）干后进行套袋，喷药后48 h内完成果实套袋。

6.5.3.3　树上套袋的顺序为先上后下，先内后外。

6.5.3.4　套袋时先把手伸进纸袋，使全袋鼓起，然后一手抓果柄，一手托袋底，把幼果套入袋口中部，再将袋口从两边向中部柄处挤压折叠，然后将袋口用自带绳子或细金属丝扎紧在果柄上。套完后用手往上托，拍打一下纸袋中部的折皱线，使全袋鼓胀，底角的出水气孔朝下方张开，幼果悬于袋中。

6.5.3.5　果实采收前15 d左右摘袋。

7　病虫害防治

7.1　防治原则

预防为主，综合防治。以农业防治和物理防治为基础，生物防治为核心，按照病虫害的发生规律和经济阈值，采取化学防治，控制病虫为害。

7.2　防治方法

7.2.1　植物检疫

从外地引种时，必须按国家有关标准进行植物检疫，不得从疫区调运柚类和其他柑橘苗木、接穗、果实和种子。

7.2.2 农业防治

因地制宜，选择抗性砧木；科学施肥，合理负载，增强树势；科学整形，合理修剪，保持树冠通风透光良好；冬季清园，剪除病虫枝，清除枯枝落叶，树干用石灰水+硫酸铜刷白；增施有机肥，结合深翻改良土壤，地面种植绿肥、牧草，覆盖其他农作物秸秆。

7.2.3 物理防治

采用糖醋液、黑光灯、频振式杀虫灯、黏着剂、根茎部缠绕透明胶带、防虫网等方法诱杀害虫，6 月—8 月人工捕捉天牛、蚱蝉。

7.2.4 生物防治

保护和释放尼氏钝绥螨和胡瓜钝绥螨等捕食螨，防治红蜘蛛、黄蜘蛛等害螨。释放方法：在平均每片叶红蜘蛛、黄蜘蛛等害螨数量不超过 2 头时，每株树挂 1 袋（特大树挂 2 袋）捕食螨。在果园安装性诱剂诱杀害虫。推广使用生物农药防治病虫害。果园间作和生草栽培保护天敌。

7.2.5 化学防治

根据病虫害发生动态，达到防治指标时根据环境和物候期适时对症用药。使用与环境相容性好、高效、低毒、低残留的农药。轮换使用不同作用机理的农药，严格执行农药安全间隔期。农药使用按《绿色食品　农药使用准则》（NY/T 393）执行。主要病虫害防治推荐农药使用方案参见附录 A。

8 采收贮藏

8.1 采收要求

8.1.1 采前果园管理

从果实转色开始，定期对果园进行清园，清除落果、裂果、烂果及异常着色的果实，并进行无害化处理；采收前 15 d 内果园停止灌水。

8.1.2 采收条件

达到琯溪蜜柚固有的色泽和风味后采收，贮藏果比鲜果宜早 7 d～10 d 采收，轻放、轻装，随采随分级；质量要求应符合《绿色食品　柑橘类水果》（NY/T 426）的规定，单果重不低于 1.5 kg；雨天、雾天、雪天、打霜、大风等天气以及果面水分未干时不宜采收，应在晴好天气，露水干后采收为宜。

8.1.3 采收用具

采收用具包括柑橘采果专用圆头果剪，盛果箱、采果袋、采果桶或采果篓（内壁平滑或铺有防伤衬垫），人字梯，软质手套。

8.1.4 采收操作

采用“两剪法”，第一剪留 2 cm～3 cm 长的果柄或从果柄先端分枝处剪下，第二剪再齐果蒂剪平，保持萼片完整。采果人员戴软质手套，采果时轻拿轻放。

8.1.5 堆码操作

采收的果实不宜直接堆放地面，应装入周转果筐。运输时应堆码整齐、牢固，果筐顶部应预留 5 cm～10 cm 的空隙，中途不宜倒筐。

8.2 防腐保鲜

8.2.1 清洗和防腐保鲜处理

果实运抵采后处理厂后应在 24 h 内用饮用水清洗，并用防腐保鲜剂处理。

8.2.2 发汗处理

保鲜处理的果实应在通风良好的室内进行发汗处理，通常柚类需要 5 d～7 d，以果实失重 3%为宜。

8.2.3 预分选

对清洗干净的果实，及时剔除因大小、果形、外观等原因无法达到鲜果销售要求的等外果，再参照相应的分级标准进行分级。分级按照《柑橘等级规格》（NY/T 1190）的规定执行。

8.2.4 防腐保鲜剂种类

防腐保鲜剂种类应符合《绿色食品　农药使用准则》（NY/T 393）的规定，并严格按照产品说明书使用。

8.2.5 保鲜处理用水的水质

应符合《绿色食品　产地环境质量》（NY/T 391）的规定。

8.2.6 防腐保鲜剂使用方法

果实采后应在 24 h 内用防腐保鲜剂水溶液浸洗或机械喷雾处理，处理后尽快晾干水分。所用防腐保鲜剂的浓度和食用安全间隔期应符合《绿色食品　农药使用准则》（NY/T 393）的规定。

8.3 包装与入库

8.3.1 果实包装

8.3.1.1 果实包装材料

包装应符合《绿色食品　包装通用准则》（NY/T 658）和《包装储运图示标志》（GB/T 191）的规定。使用透明聚乙烯薄膜袋包装，材料厚度 0.015 mm～0.030 mm。

8.3.1.2 果实包装方法

用于贮藏的果实应在发汗后进行包装，袋口不宜捆扎过紧，稍微折叠即可。

8.3.2 贮藏包装

用竹木筐、塑料筐等作贮藏包装，严格控制每箱果实的堆放高度，装箱时箱体内最上层应留 5 cm～10 cm 高的空间。贮藏包装正面应做好标识牌，注明产地、采收时期、大小级别、入库时间等详细信息。

8.3.3　入库贮藏

果垛堆码方式，品字型堆放，形成通风道，适当留下通道，方便升降叉车通行和出库操作。贮藏包装堆码时应充分考虑排风通道、人员及叉车出入等因素。

8.4　贮藏环境条件

温度 5 ℃～8 ℃；空气相对湿度 85%～90%；贮藏库内氧气含量不低于 15%，二氧化碳含量不高于 3%。

8.5　库房管理

8.5.1　通风库贮藏

8.5.1.1　入库 10 d 前，应在库内地面洒清水，降温增湿。

8.5.1.2　贮藏果全部出库后，应将库内烂果和生产废弃物清除，并作无害化处理；夏天天气良好时，及时对器具进行清洗、消毒，保存备用。

8.5.1.3　库房消毒。入库前半个月对库房进行彻底清洁后封闭门窗，进行库房消毒。每立方米库房容积用 10 g 硫黄粉和 1 g 氯酸钾点燃熏蒸，密闭 5 d 后，通风 2 d～3 d 备用。

8.5.1.4　管理。入库初期，库房应加强通风，除雨天、雾天均应日夜开窗，并机械排风，尽快降低库内温度，调整湿度。气温 0 ℃以下地区，库内温度低于适宜温度时，关闭通风口；库外气温高于适宜温度和库温时，也应关闭通风口。库内湿度低于适宜湿度时，地面可洒水增湿。

8.5.2 冷库贮藏

8.5.2.1 冷库消毒

喷洒杀菌剂消毒，使用杀菌剂应符合《绿色食品　农药使用准则》（NY/T 393）的规定。

8.5.2.2 温度调节

将库内温度控制在果实适宜贮藏温度范围内，保持稳定，避免局部或短时间温度波动，引起果实表面结露，同时，避免冷害的发生。

8.5.2.3 预冷

果实入库时，为使果实温度迅速降到设定的温度，进库的果实应经预冷处理，将果实温度与库内温度的温差控制在 3 ℃～5 ℃为宜；每天果实的进库量不超过库容量的 1/3。

8.5.2.4 通风换气

冷库相对密闭，注意每周定时换气，排出过多的二氧化碳和其他有害气体。不要在雨天、空气相对湿度比较大或气温较高时进行通风换气。

8.6 入库管理

8.6.1 检查

果实一旦入库贮藏，应尽量减少倒筐检测和翻动次数。贮藏期间应每周检查一次果实新鲜程度和库内空气清新程度，注意查看是否有腐烂、失重、枯水、浮皮等情况，当果实腐烂接近10%时应及时出库。

8.6.2 出库指标

在最佳贮藏条件下，可贮藏 90 d～150 d。总损耗超过 10%时应终止贮藏，及时出库销售。

8.6.3 出库管理

8.6.3.1 通风库贮藏

结束贮藏的果实应及时出库销售。通风库贮藏的果实可直接出库。

8.6.3.2 冷库贮藏

非全程冷链的情况下，冷库贮藏果出库运输前应梯度升温，以出库后果面不起冷凝水为宜，每天升温应低于 3 ℃，升至物流环境温度为止，库内保持 48 h。

9 生产废弃物处理

用过的废旧地膜、农药和肥料的包装物应进行回收处理，果园的间作物秸秆、枯枝、枯叶等应收集并进行无害化处理。

10 生产档案管理

应建立生产管理档案，详细记录产地环境条件、生产技术、病虫草害的发生和防治、采收及采后处理等情况。生产档案应保存 3 年以上。

附录 A
(资料性附录)
重庆地区绿色食品琯溪蜜柚生产主要病虫害防治推荐农药使用方案

重庆地区绿色食品琯溪蜜柚生产主要病虫害防治推荐农药使用方案见表 A. 1。

表 A. 1 重庆地区绿色食品琯溪蜜柚生产主要病虫害防治推荐农药使用方案

防治对象	防治时期	农药名称	使用剂量	施药方法	安全间隔期(d)
黑斑病	早春，晚秋	石硫合剂 45%晶体	早春 180 倍液～300 倍液；晚秋 300 倍液～500 倍液	喷雾	15
炭疽病、锈壁虱	冬季清园、4 月—5 月	80%代森锌可湿性粉剂	600 倍液～800 倍液	喷雾	21
溃疡病	春季—初夏	50%春雷霉素可湿粉剂	300 倍液～500 倍液	喷雾	21
		30%氧氯化铜悬浮剂	500 倍液～800 倍液	喷雾	30
		80%波尔多液可湿性粉剂(必备®)	400 倍液～600 倍液	喷雾	
疮痂病、砂皮病	展叶期、幼果期	80%代森锰锌可湿性粉剂	600 倍液～800 倍液	喷雾	21
		0. 5%波尔多液	等量式	喷雾	15

（续表）

防治对象	防治时期	农药名称	使用剂量	施药方法	安全间隔期（d）
青霉病、绿霉病	采果后	75%抑霉唑	2 000 倍液～2 500 倍液	浸果	60
		50%噻菌灵悬浮剂	400 倍液～600 倍液	浸果	21
柑橘红蜘蛛、黄蜘蛛	花前 1 头/叶～2 头/叶，花后和秋季 3 头/叶～6 头/叶	石硫合剂 45%晶体	早春 180 倍液～300 倍液；晚秋 300 倍液～500 倍液	喷雾	15
		99%矿物油	120 倍液～200 倍液	喷雾	50
		5%噻螨酮乳油	1 000 倍液～1 500 倍液	喷雾	30
		34%螺螨酯悬浮剂	3 000 倍液～4 000 倍液	喷雾	30
		5.5%乙螨唑悬浮剂	3 000 倍液～4 000 倍液	喷雾	30
蚜虫	有蚜新梢达 25%，低龄幼虫期	10%吡虫啉可湿性粉剂	1 000 倍液	喷雾	21
		3%啶虫脒乳油	2 000 倍液～2 500 倍液	喷雾	21
潜叶蛾	7 月—8 月，嫩梢长 0.5 cm～2 cm；夏、秋梢抽发	5%啶虫脒乳油	2 000 倍液～2 500 倍液	喷雾	14
		吡虫啉 10%可湿性粉剂	1 500 倍液～2 000 倍液	喷雾	21
		5%高效氯氰菊酯水乳剂	2 500 倍液～3 000 倍液	喷雾	30
潜叶甲	春梢萌发及生长期	5%高效氯氰菊酯水乳剂	2 500 倍液～3 000 倍液	喷雾	30
椿象	幼果至果实着色期	5%高效氯氰菊酯水乳剂	2 500 倍液～3 000 倍液	喷雾	30

（续表）

防治对象	防治时期	农药名称	使用剂量	施药方法	安全间隔期（d）
粉虱和蚧类	春梢萌芽期和幼果期	10%吡虫啉可湿性粉剂	1 000 倍液	喷雾	21
		40%噻嗪酮悬浮剂	1 500 倍液～2 000 倍液	喷雾	30
		5%高效氯氰菊酯水乳剂	2 500 倍液～3 000 倍液	喷雾	30
		99%矿物油	120 倍液～200 倍液	喷雾	50
天牛	5 月—7 月	5%高效氯氰菊酯水乳剂	2 500 倍液～3 000 倍液	喷雾	30
	冬季清园	氢氧化钙+石硫合剂	生石灰：石硫合剂：水=1：0.5：5	涂干	15
柑橘大实蝇	成虫羽化期和初发期	绿色诱杀球	15 个/亩	挂树	
		5%高效氯氰菊酯水乳剂	2 500 倍液～3 000 倍液	喷雾	30
注：农药使用以最新版本《绿色食品　农药使用准则》（NY/T 393）的规定为准。					

重庆地区绿色食品桃生产操作规程

1　产地环境

产地环境须符合《绿色食品　产地环境质量》(NY/T 391) 的要求，包括对基地选址、地形地势、土壤条件、气候条件等方面的要求。

1.1　气候条件

年平均气温 13 ℃～17 ℃，极端低温不低于-20 ℃，休眠期 0 ℃～7.2 ℃的低温积累在 600 h 以上，年日照时数不低于1 200 h。

1.2　土壤条件

pH 值 4.5～7.5 均可种植，以 5.5～6.5 微酸性为宜；盐分含量不超过 1 g/kg，有机质含量不低于 10 g/kg；地下水位在 1 m 以下。

1.3　基地选址

桃园应生态环境良好，土壤、灌溉水、空气质量应符合《绿色食品　产地环境质量》(NY/T 391) 的规定，桃园周边应无污染源。选择平地或背风向阳的南向、东南向坡面栽植，避免重茬。建园前，要根据自然、交通、劳力、市场、占地等条件等科学规划，合理安排道路、建筑物和排灌系统。

2 品种和苗木选择

桃苗木质量应符合《桃苗木》（GB 19175）中规定的二级苗以上标准。

2.1 选择原则

接穗品种应适应性强、质优、耐贮运、自花结实、丰产、早中晚熟合理搭配。砧木应选择嫁接亲和性好、耐涝抗病、根系发达、生长健壮的实生砧或无性繁殖砧木。

2.2 品种选用

品种原则上应通过国家或省部级相关部门审（认）定或登记。露地栽培应谨慎选择油桃、油蟠桃品种。砧木应以毛桃实生砧为主。

3 整地与定植

3.1 整地

南方桃产区降雨多，地下水位高，除设置好排水沟，定植时应起垄栽植，垄高 50 cm 左右。按行株距挖宽、深各 80 cm 的栽植沟穴，沟穴底填厚 20 cm～40 cm 的土壤与粗有机质混合物(如农作物秸秆等)。挖出的表土与足量有机肥混匀，回填沟中。待填至低于地面 15 cm～20 cm 后，灌水浇透，使土沉实。

3.2 定植

3.2.1 定植时间

秋季落叶后至翌年春季桃树萌芽前均可栽植，建议秋、冬季栽植。

3.2.2 栽植密度与树形

根据立地条件、品种特性及园地的机械化程度等确定栽植密度。建议株距 2 m～4 m，行距 4 m～6 m，适宜机械化的果园适当加宽行距。

平地选择2个～4个主枝，呈“V”形；丘陵山地可选择3个～4个主枝，呈自然开心形。土壤肥力条件较差者，主枝数量宜少，株距相应缩小；土壤肥力条件较好者，主枝数量可适当增加，株距相应加宽。

3.2.3 定植方法

定植前应先对根系进行适当修剪，剪去损伤根及过密的根，让根系均匀伸展深入土中，深度以苗木根颈部与地面持平为宜。种植时应将根系上覆盖的土充分踏实，灌一次透水，7 d～10 d后再浇一次水，待水渗下后覆土。

4 田间管理

4.1 土壤管理

建议行间生草，可种植毛叶苕子、紫花苜蓿或白三叶，距树干1.0 m左右，定期刈割还田；每3年—5年翻耕松土一次。

树下采用秸秆或环保无残留园艺地布覆盖。

4.2 施肥

4.2.1 施肥原则

肥料使用应符合《绿色食品　肥料使用准则》（NY/T 394）的要求。以有机肥、微生物肥为主，适当补充化肥，化肥使用量不超过同类果园的1/2。树势弱多施，树势旺少施。

4.2.2 施肥方法与用量

4.2.2.1 基肥

秋季10月左右树体停止生长后施入，以有机肥为主，根据树势情况适量补充复合肥。施用方法以沟施为主，沟深30 cm～45 cm；施肥部位在树冠投影范围内。

4.2.2.2　土壤追肥

土壤追肥应根据树势来确定。追肥时期为萌芽前、谢花后、果实快速膨大期和采果后。生长前期氮肥可稍多，生长后期以磷钾肥为主。

4.2.2.3　喷施叶面肥

根据树势及缺素状况来确定，一年可多次喷施叶面肥。果实发育后期以磷钾肥为主。

4.3　水分管理

4.3.1　灌溉时间

桃树萌芽期、果实快速膨大期、土壤封冻前应根据土壤墒情合理浇水。

4.3.2　灌溉方法

灌溉的方法有沟灌、树盘浇水、喷灌、滴灌等，具体可根据当地的经济条件、水源情况、水利设施条件以及地形等综合考虑，避免大水漫灌。推荐使用滴灌、微喷灌等节水灌溉方法。

4.3.3　排水

应视地形状况设置排水沟，保证雨季能及时排水。

4.4　树体管理

4.4.1　修剪时期

以休眠期修剪为主，重视生长季修剪。

4.4.2　修剪要点

4.4.2.1　定植后修剪

苗木定植后，在 40 cm～50 cm 高度处留饱满芽定干。萌芽后，立支架按 60°～70°夹角选留主枝培养，主枝向东西方向生长，延伸到 50 cm～60 cm 时摘心，延长头继续培养，其余侧枝生长到 10 cm～15 cm 时摘心。过密枝和直径达到 1.0 cm 的侧枝及时疏除。

4.4.2.2 幼树期修剪

幼树期夏季修剪以摘心、抹芽、疏枝为主。保持主枝夹角，及时疏除背上枝和中上部粗枝，多培养中庸果枝。主枝中下部可培养中小型结果枝组，中上部可培养小型结果枝组，或直接在主枝上培养结果枝。结果枝组和结果枝应交错分布，保持合理间距，避免重叠。

冬剪时，主枝延长头适当短截，疏除徒长枝、背上枝、过粗枝和过密枝，过大枝组适当回缩；同方向 20 cm 左右留一结果枝，避免结果枝交叉重叠。

4.4.2.3 盛果期树修剪

生长季及时疏除背上枝、徒长枝、过粗枝、过密枝，合理调节各个枝条生长方向，配合摘心、抹芽、疏枝等手段控制枝条旺长，使所有枝条均匀分布，保证树冠中下部和内膛通风透光。休眠期修剪时，及时回缩更新结果枝组、衰退枝组，剪除枯枝、病虫枝、交叉枝、重叠枝，合理调节果枝数量与分布，实现丰产稳产。

4.5 花果管理

4.5.1 产量调节

花期遇连续阴雨可搭建避雨棚；对自交结实、坐果率高的品种可适当疏花；落花后 4 周到硬核期前严格进行疏果，将产量控制在2 000 kg～2 500 kg。

4.5.2 果实套袋

生理落果结束后可对晚熟桃进行套袋。套袋前参照《绿色

食品　农药使用准则》（NY/T 393）的要求喷施广谱低毒杀虫杀菌剂。套袋顺序为先早熟后晚熟，坐果率低的品种可适当晚套，减少空袋率。纸袋应选择抗风吹雨淋、透气性好的专用纸袋。

4.5.3　果实解袋

果实采收前适时摘袋。不易着色的品种和光照不良的地区可适当提前解袋，果实成熟期雨水集中的地区、裂果严重的品种也可不解袋。

4.6　病虫害防控

4.6.1　防控原则

以预防为主，综合运用物理防治、生物防治、化学防治等措施，将有害生物控制在经济损害允许水平。农药的选择和使用严格按《绿色食品　农药使用准则》（NY/T 393）的要求执行。

4.6.2　常见病虫害

常见病害有褐腐病、疮痂病、炭疽病、缩叶病、细菌性穿孔病等。

常见虫害有桃蚜、苹果小卷叶蛾、红蜘蛛、梨小食心虫、桃蛀螟、桑白蚧等。

4.6.3　防控措施

4.6.3.1　农业防治

选用抗病虫和抗逆性较强的品种及砧木。行间生草及行内覆盖，丰富桃园生物多样性。合理修剪和施肥以培养健壮树体。及时清理落果，剪除病虫枝，做好冬季清园。树干涂白。

4.6.3.2　物理防治

利用杀虫灯、色板、食饵、中间寄主等控制害虫成虫。如悬挂黄板防治蚜虫及梨小食心虫成虫，悬挂高度 1.5 m～2.0 m，每亩悬挂20块～30块黄板即可达到良好的效果；5月—8月安置杀虫灯，防治蛾类、金龟子等害虫；悬挂糖醋液诱饵罐（瓶）对梨小食心虫、多种卷叶蛾、桃蛀螟等害虫的成虫有较好诱杀效果。

在病虫为害严重的果园，特别是吸果类害虫、实蝇等，可进行套袋处理。检疫性病虫害流行区，应用防虫网阻隔害虫或病害媒介昆虫。

4.6.3.3 生物防治

调节果园生态环境，建立生态屏障隔离有害生物，保护天敌生物生存条件。人工繁育并释放害虫的病原性天敌、捕食性天敌或寄生性天敌，提倡以螨治螨、以虫治虫或以菌治虫，如释放瓢虫、赤眼蜂、捕食螨等天敌。

充分利用信息素、性诱剂等来监测和防治害虫。悬挂迷向丝、装有性诱芯的诱捕器（三角屋）防治梨小食心虫。迷向丝高度不低于1.7 m，2个月换一次，具体悬挂密度参照产品说明书；或于树冠外围距地面1.5 m处悬挂三角屋，每亩悬挂5个三角屋，诱芯每月换一次。

4.6.3.4 化学防治

根据病虫害发生规律进行化学防治，以防为主。严格控制药量和间隔期，避免连续施用单一种类农药，可采取轮换使用或混用的方式。主要病虫害防治推荐农药使用方案见附录A。

4.7 鸟害防控

在果实快速膨大期安装防鸟网，果实采收后及时收起，尽量减少对鸟类的伤害。也可使用驱鸟器或驱鸟剂驱鸟。

4.8 草害防控

自然生长高度高于50 cm的杂草或缠绕上树的杂草应及时拔

除。定期刈割，将草的高度控制在 5 cm～10 cm。

5 采收及包装

5.1 果实的采收

果实的采收方法取决于品种的耐贮运性、果实的成熟度及采收后的用途。在当地销售的果实，可以适当晚一些采收，采收后立即销售；需要保鲜或远距离运输的果实，可以在保证品质的前提下适当早采。鲜桃采收应符合《绿色食品　温带水果》（NY/T 844）的要求。

5.2 果实的分级

桃果实采收后须严格进行人工或机器分级，剔除伤病果，保证果品质量。

5.3 果实的包装

包装材料应符合《绿色食品　包装通用准则》（NY/T 658）的要求。依照运输、销售方式采取不同的包装方式，运输贮藏包装可采用果箱、果筐或临时周转箱等，木箱或纸箱上须打孔，以利于通风。销售包装则根据市场需求进行不同形式的包装。

6 生产废弃物的处理

6.1 枝条处理

田间修剪的较细枝条可用秸秆还田机或粉碎机直接粉碎还田，较粗的枝条或淘汰的桃树树干可移出果园集中处理。

6.2 落叶处理

桃树秋季落叶及杂草可配合秋施基肥还田，或堆积发酵腐熟后还田。

6.3 包装材料

套袋纸袋、包装箱等可回收利用，农药包装废弃物等应收集后进行无害化处理，不得随意丢弃。防草地布应使用可降解的环保材料。

7 运输保鲜

果实的贮藏保鲜运输应符合《绿色食品 储藏运输准则》（NY/T 1056）的要求。桃运输过程中很容易受机械损伤，因此，包装容器不宜过大，一般以 5 kg～10 kg 为宜，应采用独立小包装，避免摩擦挤伤或腐烂感染。运输前应及时预冷，预冷温度 4 ℃以下。桃不宜长时间保鲜贮藏。保鲜过程中可采用小包装。贮藏温度为 0 ℃～4 ℃，空气相对湿度 90%～95%。

8 生产档案管理

建立绿色食品桃生产档案，明确记录产地环境条件、日常田间管理、病虫草害的发生和防治、果品采收及采后处理等情况。记录须保存 3 年以上，做到果品生产全程可追溯。

附录 A
（资料性附录）
重庆地区绿色食品桃生产主要病虫害防治推荐农药使用方案

重庆地区绿色食品桃生产主要病虫害防治推荐农药使用方案见表 A.1。

表 A.1 重庆地区绿色食品桃生产主要病虫害防治推荐农药使用方案

防治对象	防治时期	农药名称	使用剂量	施药方法	安全间隔期（d）
细菌性穿孔病、褐腐病	发生期	45%春雷·喹啉铜悬浮剂	2 000 倍液～3 000 倍液	喷雾	14
		10%小檗碱盐酸盐可湿性粉剂	800 倍液～1 000 倍液	喷雾	
		24%腈苯唑悬浮剂	2 500 倍液～3 200 倍液	喷雾	10
越冬病原和害虫，缩叶病等	休眠至萌芽前	80%硫黄水分散粒剂	500 倍液～1 000 倍液	喷雾	14
桃蚜	花芽萌动期，谢花后	0.5%苦参碱水剂	1 000 倍液～2 000 倍液	喷雾	7
		10%吡虫啉可湿性粉剂	4 000 倍液～5 000 倍液	喷雾	14
		50%氟啶虫胺腈水分散粒剂	1.5 万倍液～2 万倍液	喷雾	14
		75%吡蚜·螺虫酯水分散粒剂	4 000 倍液～6 000 倍液	喷雾	90

（续表）

防治对象	防治时期	农药名称	使用剂量	施药方法	安全间隔期（d）
桃蛀螟、梨小食心虫、卷叶蛾、潜叶蛾	发生期	苏云金杆菌 32 000 IU/mg	400 倍液～800 倍液	喷雾	
		3%高效氯氰菊酯微囊悬浮剂	600 倍液～1 000 倍液	喷雾	14
梨小食心虫	发生期	5%梨小食心虫性迷向素	80 g/亩～100 g/亩	投饵	
注：农药使用应以最新版本《绿色食品　农药使用准则》（NY/T 393）的规定为准。					

重庆地区绿色食品猕猴桃生产操作规程

1 产地环境

1.1 环境要求

环境条件应符合《绿色食品　产地环境质量》（NY/T 391）的要求。

1.2 园区选址

园区应远离工业矿区和交通主干线，避开工业和城市污染源的影响。宜选地形开阔、通风良好、阳光充足、风害与霜冻为害较轻、坡度在30°以下的山地或丘陵地。

1.3 气候条件

适宜的年平均气温在15 ℃以上，最冷月份平均气温应在-5 ℃以上，年降水量为800 mm～1 400 mm，海拔在1 300 m以下。

1.4 土壤条件

宜选择土质疏松、排灌方便、耕层深厚的壤土或砂壤土地块，重壤土建园时应进行土壤改良。土壤pH值为5.5～7.5，地下水位在1 m以下。

1.5 水利条件

园区有可靠的灌溉水源，排灌设施良好。

2 品种（苗木）选择

2.1 选择原则

应选择适应性强、丰产性好、品质佳、果形一致、抗性强、耐贮运的品种。

2.2 品种选用

根据种植区域地势特点，海拔 1 000 m 以上的园地宜选用美味猕猴桃品种（如翠香、徐香、海沃德等）；海拔 1 000 m以下的园地宜选用不易感溃疡病的黄肉或红肉类中华猕猴桃品种。

2.3 砧木选择

中华猕猴桃品种使用中华猕猴桃或美味猕猴桃做砧木；美味猕猴桃品种使用美味猕猴桃做砧木。

2.4 苗木质量

符合《猕猴桃苗木》（GB 19174）的规定。苗木应品系纯正、嫁接口愈合良好、无检疫性病虫害、无机械损伤、生长健壮。

3 建园定植

3.1 园区规划

根据地块大小、地形、地势等将全园划分为若干作业小区，因地制宜设置主干道、小区路、管理房、灌排渠道、园地两端田间工作机械通道等。灌溉系统与道路配套，提倡节水灌溉，园区各级排水渠道互通，每个小区可设蓄水池，用于蓄水防旱。坡度较大的山地、丘陵地，应修筑水平梯田，栽植行向与梯田走向相同，采用等高栽植。

3.2 防风林建设

风害较大的地区，在主迎风面应设置防风林或人造防风障。

防风林距猕猴桃栽植行 5 m～8 m，种植 2 行，行距 1 m～1.5 m，株距 1 m，树种以落叶、常绿速生乔木为主，防风林树种与猕猴桃无共同病虫害。人造防风障高 10 m～15 m。

3.3 全园整地

丘陵地和山地建园，可用挖掘机进行修路、清杂、挖沟、平整等作业，但要防止水土流失，同时，配合全园深翻降低坡度。

3.4 棚架搭建

3.4.1 "T"形架

沿行向每隔 6 m 栽植一个立柱，立柱可采用水泥柱或镀锌管，地上部分高 1.9 m，横梁上顺行架设 5 道镀锌铁丝，每行末端立柱埋设地锚拉线或架设斜撑。

3.4.2 大棚架

大棚架立柱的规格及设置密度同"T"形架，垂直行向在立柱顶端架设镀锌管或三角铁横梁，在横梁上每隔 50 cm～60 cm 顺行向架设镀锌铁丝，每竖行末端或每横行末端立柱埋设地锚或架设斜撑。

3.5 定植

3.5.1 定植密度

定植株行距根据品种长势、架式、栽培管理水平和机械化程度而定。长势较强的美味猕猴桃品种定植株距 3 m，行距 3 m～4 m；中华猕猴桃品种定植株距 2.5 m～3 m，行距 3 m～4 m。

3.5.2 雌雄株搭配

定植时应配置与雌株品种花期基本相同、花粉量大且亲和力强的授粉雄株，雌株与雄株的配置比例为（6～8）：1。

3.5.3 定植时期

秋季定植在落叶后到土壤封冻前进行；春季定植在土壤解冻

后至萌芽前进行。

3.5.4 定植方法

按规划确定定植点，开挖长、宽、深均为 60 cm～80 cm 的定植穴或 1 m 宽、60 cm～80 cm 深的定植沟，表土与底土分开放，每穴施入腐熟有机肥 30 kg～50 kg、钙镁磷肥 0.5 kg 左右，或每亩施腐熟有机肥 2 000 kg～3 000 kg、钙镁磷肥 25 kg～30 kg，施入肥料应符合《绿色食品　肥料使用准则》（NY/T 394）的规定。将肥料与表土混匀后回填，最后回填底土。

定植前对嫁接苗塑料条进行解绑，剪去有损伤的根系或过长的根，确定雌雄株分布，栽植时以定植点为中心挖小坑，把苗木放入坑内，舒展根系，边填土边踏实，苗木嫁接口应高出地面。定植后浇透定根水，在距苗木根部 10 cm 处立直径 2 cm～3 cm、高 2 m 的竹竿，苗木嫁接口以上选留 1 个壮枝，并对其保留 2 个～3 个饱满芽定干。用秸秆或塑料薄膜覆盖树盘。

4 果园管理

4.1 土壤管理

4.1.1 深翻改土

采果后，结合秋施基肥，在定植穴（沟）外挖环状沟或平行沟，沟宽 30 cm～40 cm，深约 40 cm。将挖出的表土与腐熟的有机肥混合后填入，底土放在上层，然后灌足水分，使根系和土壤密切接触。

4.1.2 中耕、生草与覆盖

在生长季节，果园每年中耕 3 次～4 次，降雨或灌水后，及时中耕除草，中耕深度 5 cm～10 cm。树体行间可种植绿肥，种类以豆科和禾本科牧草为宜，适时刈割。夏季高温来临前，用作物秸秆、稻糠、菜籽壳及田间杂草等在树冠下进行覆盖，厚度10 cm～15 cm，上面压少量土，以培肥地力、保湿降温。

4.2　施肥

4.2.1　施肥原则

施肥以有机肥为主，化学肥料为辅，增加或保持土壤肥力及土壤微生物活性，所施的肥料不应对果园环境或果实品质产生不良影响。肥料按《绿色食品　肥料使用准则》（NY/T 394）的规定合理使用。

4.2.2　肥料类型

包括腐熟和无害化处理过的堆肥、沤肥、厩肥、绿肥、作物秸秆肥、饼肥等农家肥，以及在农业行政主管部门登记允许使用的各种肥料，如商品有机肥、微生物肥、化肥、叶面肥、有机无机复合肥等。

4.2.3　施肥量、施肥时期与施肥方法

4.2.3.1　施肥量

根据果园的树体大小、结果量、土壤条件和施肥特点确定施肥量，一般成龄树每株施入腐熟有机肥40 kg～50 kg。

4.2.3.2　施肥时期

基肥在果实采收后到落叶前施入，以有机肥为主，占全年施肥量的60%；萌芽肥在植株萌芽前施入，以速效氮肥为主，配施磷钾肥；壮果肥在花后1周～2周果实膨大期施用，以复合肥为主，配合施用有机肥。

4.2.3.3　施肥方法

基肥采用沟施法，结合深翻改土，挖条状沟、放射状沟或环状沟，沟宽30 cm～40 cm，深约40 cm。追肥在树冠投影范围内开条沟或环状沟，沟宽、深均为 15 cm～20 cm，也可结合中耕全园撒施。植株生产期可多次叶面喷肥。提倡果园肥水一体化。

4.3 灌溉与排水

4.3.1 灌溉

灌溉用水应符合《绿色食品　产地环境质量》（NY/T 391）对水质的要求。

4.3.1.1 灌溉指标

土壤湿度保持在田间最大持水量的 70%～80%为宜，低于 60%时应灌水。清晨叶片上不显潮湿时应灌水。夏季高温干旱时节，气温持续在 35 ℃以上、叶片开始出现萎蔫时，应立即灌水。

4.3.1.2 灌水方式

丘陵山地果园，利用山区水库或建造蓄水池，实行树盘灌溉、沟灌、滴灌或喷灌。平地果园，宜采用微喷灌或滴灌。

4.3.2 排水

低洼易发生涝害的果园应修筑排水沟，主排水沟深 60 cm～100 cm，支排水沟深 30 cm～40 cm，果园面积较大时也应有排水沟，要及时清淤，保证果园排水畅通，雨期田间无积水。

4.4 整形修剪

4.4.1 整形

采用“一干两蔓”的整形方式，在主干上接近架面 20 cm 的部位留 2 个主蔓，分别沿中心铁丝向两侧伸展，培养成为永久蔓，主蔓两侧每隔 20 cm～30 cm 留 1 个结果母枝，结果母枝与行向呈直角固定在架面上。

4.4.2 修剪

4.4.2.1 冬季修剪

结果母枝选留：结果母枝优先选留生长强壮的发育枝和结果

枝，其次选留生长中庸的枝条，短枝在缺乏枝条时适量选留填空；结果母枝尽量选用距离主蔓较近的枝条，选留的枝条根据生长状况修剪到饱满芽处。

更新修剪：尽量选留从原结果母枝基部发出或直接着生在主蔓上的枝条作结果母枝，将上一年的结果母枝回缩到更新枝位附近或完全疏除掉。每年对全树 1/2 以上的结果母枝进行更新，两年内全株更新一遍。

预备枝培养：未留作结果母枝的枝条，如果着生位置靠近主蔓，留 2 个～3 个芽短截为下年培养更新枝，其他枝条全部疏除，同时，剪除病虫枝、清除病僵果等。

留芽数：修剪完毕后结果母枝上应保留一定的有效芽，因品种不同数量有一定的差异。大多数品种的有效芽数大致保持在每平方米架面 30 个～35 个，所留的结果母枝均匀地分散开并固定在架面上。

4.4.2.2 夏季修剪

抹芽：从萌芽期开始抹除着生位置不当的芽，一般主干上萌发的潜伏芽均应疏除，但着生在主蔓上可培养作为翌年更新枝的芽应根据需要保留。结果母枝上如萌发过多的芽，则抹掉过弱、过密的芽。抹芽在生长前期 7 d 左右进行一次。

疏枝：当新梢上开始出现花序后及时疏除细弱枝、过密枝、病虫枝、双芽枝及不能用作翌年更新枝的徒长枝等，结果母枝每隔 15 cm～20 cm 保留 1 个结果枝，每平方米架面保留正常结果枝 10 个～12 个。疏枝宜在旺树上进行。

绑蔓：新梢长到 30 cm～40 cm 时开始绑蔓，使新梢在架面上均匀分布，每隔 2 周～3 周全园检查、绑缚一遍。

摘心捏梢：开花前对强旺的结果枝、发育枝进行摘心或捏梢处理，处理后如果发出二次枝，在顶端只保留 1 个，其余全部抹除，对未停止生长、顶端开始缠绕的枝条全部摘心。

4.5　疏蕾、授粉与疏果

4.5.1　疏蕾

侧花蕾分离后 2 周左右开始疏蕾，根据结果枝的强弱、长短调整花蕾数量。强壮的长结果枝留 5 个～6 个花蕾，中庸的结果枝留 3 个～4 个花蕾，短结果枝留 1 个～2 个花蕾。

4.5.2　授粉

4.5.2.1　蜜蜂授粉

在约 10%的雌花开放时，每公顷果园放置活动旺盛的蜜蜂 5 箱～7 箱，园内和果园附近不能有与猕猴桃花期相同的植物，园内的三叶草等绿肥应在猕猴桃开花前刈割一遍。

4.5.2.2　人工授粉

雌花盛开初至盛开时，采集当天刚开放、花粉尚未散失的雄花，用雄花的花蕊在雌花柱头上涂抹，每朵雄花可授 7 朵～8 朵雌花；在雌雄花期不遇时，也可采集第二天将要开放的雄花，在 25 ℃～28 ℃干燥 12 h～16 h，收集散出的花粉贮存于低温干燥处，用毛笔蘸花粉在当天刚开放的雌花柱头上涂抹。授粉应在上午 9 时前或下午 3 时后进行。

4.5.2.3　机械授粉

采用商业花粉与有色辅料按一定比配制，利用商品化机械进行全园授粉，在花开 30%和 80%时各授粉一次。授粉时间同人工授粉。

4.5.3　疏果

花后 10 d 左右，疏去授粉受精不良的畸形果、扁平果、伤果、小果、病虫果等。生长健壮的长果枝留 4 个～5 个果，中庸的结果枝留 2 个～3 个果。短果枝留 1 个～2 个果。同时，注意按叶果比（4～6）：1 控制全树的留果量。

4.6　病虫害防控

4.6.1　防控原则

坚持“预防为主，综合防治”的植保方针，加强检疫，按照病虫害发生的特点，以农业防治为基础，综合利用物理、生物、化学等防治措施，有效控制病虫为害。

4.6.2　常见病虫害

常见病虫害见附录 A。

4.6.3　防治措施

4.6.3.1　农业防治

因地制宜，选用抗病虫品种，通过合理的水、肥、修剪等栽培管理措施，增强树势，提高树体抗逆能力，营造不利于病虫滋生蔓延的果园小气候。采取剪除病虫枝，清除枯枝落叶和病僵果，刮除树干裂皮，深翻树盘等措施，杀灭病虫残体，减少侵染源，抑制病虫害发生。

4.6.3.2　物理防治

根据害虫生物学特性，在园内使用糖醋液、粘虫板、诱虫灯、防虫网及树干缠草等方法防控害虫，采取人工捕捉的办法防治斑衣蜡蝉、椿象等害虫。

4.6.3.3　生物防治

保护和利用天敌，以虫治虫，采取助育和人工释放天敌控制害虫；利用昆虫性外激素诱杀或干扰成虫交配；选用有益微生物及其代谢产物制剂控制或杀灭害虫。

4.6.3.4 化学防治

加强病虫监测预报，掌握果园病虫害发生情况。根据病虫的生物学特性和为害特点，选择使用中毒、低毒农药，禁止使用剧毒、高毒、高残留以及未在农业行政主管部门登记用于果树或猕猴桃的农药。根据保护天敌和安全性原则，合理选择农药种类并确定施用时间和施用方法。交替使用或合理混用不同作用机理的农药，严格控制农药安全生产间隔期。具体使用方法按照《绿色食品　农药使用准则》（NY/T 393）执行。主要病虫害防治推荐农药使用方案见附录 A。

5 采收

5.1 采收指标

根据果实成熟度、用途和市场需求确定采收适期，成熟期不一致的品种应分期采收。美味猕猴桃鲜果可溶性固形物含量达 6.2%以上，中华猕猴桃鲜果可溶性固形物含量达 7.0%以上为最佳采收期。

5.2 采收方法

采收前剪指甲，采收时戴手套，使用专用的采收布袋，轻采、轻拿、轻放、轻装、轻卸，避免划伤、压伤。

5.3 采收要求

雨天、露水未干的早晨及高温的中午不宜采果。不同的品种应分别采收，同一品种根据成熟度分批采收。

5.4 分级包装

果实采收后，根据不同等级规格及时进行分级、包装，或运到预冷场所从速进行分级、包装。从采收到入库不宜超过 24 h。包装箱或包装盒上应标示绿色食品标志，标志设计按有关规定执行。

6　生产废弃物的处理

6.1　地膜、农药包装袋处理

建园时使用的地膜、生产中使用的农药包装袋须统一回收，由专业公司集中处理。

6.2　枝条、落叶等处理

树体剪下的带有病虫害的枝条、落叶应带出果园，集中销毁。其他修剪后的枝条经粉碎、杀菌，作为基肥还田。

7　运输贮藏

7.1　建库选择

冷库周边应无污染源、无酒厂，交通便利。可采用低温库或气调库。

7.2　冷库消毒

冷库在使用前应进行消毒处理，消毒方法主要采用喷药和熏蒸，消毒后封闭 2 d～3 d，然后及时通风换气。消毒使用的药剂应符合《绿色食品　农药使用准则》（NY/T 393）的规定。

7.3　贮藏条件

冷库贮藏温度为 0 ℃～2 ℃，库内空气相对湿度保持在 90%～95%。果实入库前先进行预冷。不同品种、不同规格、不同时间入库的果实应分库、分垛贮藏。一般每 7 d～8 d 对冷库进行一次通风换气。

7.4　运输

运输工具的货箱应清洁、无异味，有防晒、防雨设施。宜采用冷藏运输，做到快装、快运、快卸。运输过程中不得与有毒、有害、有异味物品混运，同时，应防止虫蛀、鼠咬。

8 生产档案管理

针对绿色食品猕猴桃的生产过程，建立相应的生产档案，重点记录产地环境条件、生产技术、肥水管理、病虫草害的发生和防治、采收及采后处理等情况。生产档案应保存 3 年以上，做到猕猴桃生产可追溯。

附录 A
(资料性附录)
重庆地区绿色食品猕猴桃生产主要病虫害防治推荐农药使用方案

重庆地区绿色食品猕猴桃生产主要病虫害防治推荐农药使用方案见表 A. 1。

表 A. 1　重庆地区绿色食品猕猴桃生产主要病虫害防治推荐农药使用方案

防治对象	防治时期	农药名称	使用剂量	施药方法	安全间隔期(d)
溃疡病	采果后	20%噻菌铜悬浮剂	700 倍液	喷雾	14
	修剪后	84%王铜水分散粒剂	1 500 倍液	喷雾	10
	萌芽期	20%噻菌铜悬浮剂	500 倍液	喷雾	14
褐斑病	发病期	0. 5%小檗碱水剂	500 倍液	喷雾	10
花腐病	发病前	40%春雷噻唑锌悬浮剂	800 倍液～1 200 倍液	喷雾	28
灰霉病	发病期	0. 5%香芹酚水剂	800 倍液～1 000 倍液	喷雾	10
根结线虫	发生期	0. 5%氨基寡糖素水剂	600 mL/亩～800 mL/亩	灌根	20
叶蝉	发生期	1. 5%除虫菊素水乳剂	600 倍液～1 000 倍液	喷雾	30
红蜘蛛	发生期	0. 5%藜芦碱可溶液剂	600 倍液～700 倍液	喷雾	10

（续表）

防治对象	防治时期	农药名称	使用剂量	施药方法	安全间隔期（d）
小卷叶蛾	发生期	1%苦皮藤素水乳剂	4 000倍液～5 000倍液	喷雾	15
注：农药使用以最新版本《绿色食品　农药使用准则》（NY/T 393）的规定为准。					

重庆地区绿色食品鲜食枣
生产操作规程

1　产地环境

生产基地环境应符合《绿色食品　产地环境质量》（NY/T 391）的规定，选择光照充足、排灌方便、土层深厚、无环境污染的地方种植。基地相对集中连片，距离污染源 5 km 以上。

2　园地选择与规划

2.1　园地选择

选择土层深厚、土壤为透气性和理化性状良好的砂质壤土或砂土、土壤有机质含量大于 1%、土壤 pH 值 5.0～8.9、地势开阔平坦或坡度在 25°以下的地块建园。

2.2　园地规划

2.2.1　小区规划

根据枣园土壤、地形等条件相近的原则，将枣园划分为若干小区。平地大型果园 2 hm^2～4 hm^2 为一个小区，丘岗山地 0.5 hm^2～2 hm^2 为一个小区。

2.2.2　道路规划

主路位于枣园中部，路宽 6 m～7 m，山坡地主路应顺应山势，呈之字形且坡度为 5°～10°；支路垂直于主路，路宽 4 m～6 m。

2.2.3 排灌系统规划

枣园应根据地势状况规划主沟、围沟、厢沟等排灌系统。

平地：正中挖一条 80 cm～100 cm 深的主沟，四周挖 60 cm～80 cm 深的围沟，每隔两行挖一条 50 cm～60 cm 深的厢沟，沟沟相通。

山坡地：依地势和地形间隔 30 m～50 m 距离，从坡顶至坡底挖纵向排水沟，梯田内侧也须挖排水沟，开沟土覆于梯田外侧，确保梯田外高内低，梯日内排水沟与纵排水沟相通。

2.2.4 水源规划

枣园要有灌溉水源并配置相应的引水系统。纵排水沟隔一定距离设置一个沉沙池，并安装管道，在每株树的树冠滴水线外侧 10 cm 处，打深 40 cm～50 cm、宽 15 cm 宽的灌水穴，每株树沿树冠外围均匀设置 2 个～3 个穴，干旱时往穴内灌水。

2.3 整地施肥

平地或稻田按南北向挖宽、深均为 1 m 的定植沟。丘岗坡地整地按等高线修成外高内低式梯田，梯面宽 2 m～3 m。定植穴规格为 0.8 m×0.8 m×0.8 m。每亩施经无害化处理的腐熟有机肥 3 000 kg～4 000 kg。

3 品种选择

可选中秋酥脆枣、赞皇大枣、沾化冬枣、鸡蛋枣、金丝 4 号、梨枣、贵妃油枣等优良品种。

4 栽植

4.1 栽培季节

10 月下旬至翌年 3 月上旬，冬季落叶后和春季萌芽前均可栽植。

4.2 栽植密度

平地适当稀植，株行距（1.5 m～2 m）×3.5 m；山地或丘陵地适当密植，株行距 2 m×3 m。

4.3 苗木准备

栽前人工去掉嫁接膜，嫁接口以上留 3 个有效芽植进行平剪，剪除烂根、枯根以及苗干所有侧枝，留桩 1 cm 疏剪，用浓度为 50 mg/L 的生根粉（有效成分为萘乙酸）浸根 4 h～6 h。

4.4 栽植方法

栽植时舒展根系，边填细土，边轻轻上下抖动苗木，盖土至根颈上 3 cm～4 cm 处后压实细土，栽后立即浇透水，最后在湿土上盖一层干细土至根颈上 2 cm 处。

5 土肥水管理

5.1 土壤管理

每年于秋末或冬季进行一次全园深翻，树冠投影内浅挖 15 cm 左右，行间深挖 25 cm～30 cm；生长季节、降雨或灌水后，及时中耕除草。中耕深度 5 cm～10 cm，坡地宜深，平地宜浅，保持土壤疏松。春季施肥后，于行间、地面覆盖农作物秸秆、园艺地布抑制杂草，减少水分蒸发。

5.2 肥料管理

5.2.1 施肥原则

以有机肥为主、化肥为辅，基肥为主、追肥为辅，执行控氮增磷钾的原则，注重氮、磷、钾及微量元素合理搭配。肥料使用应符合《绿色食品　肥料使用准则》（NY/T 394）的规定。

5.2.2 冬培肥

于采果后至 3 月中旬施用，成年枣树每亩施有机肥

2 000 kg～3 000 kg。

5.2.3 追肥

5.2.3.1 催芽肥

于萌芽前一周用10%的腐熟人粪尿或50%的沼液5 kg/株，在树冠滴水线处挖20 cm深的沟施入，施后立即覆土；或在雨前多点穴施硫酸钾复合肥（N-P-K为15-15-15）0.5 kg/株。

5.2.3.2 花期肥

开花前期用10%的腐熟人粪尿5 kg/株或硫酸钾复合肥（N-P-K为15-15-15）0.25 kg/株浅沟施，或在开花20%采用0.2%～0.3%的磷酸二氢钾与0.1%～0.3%硼砂溶液进行叶面追肥。

5.2.3.3 膨大肥

第一次坐果后，每株用硫酸钾复合肥（N-P-K为15-15-15）0.25 kg～0.5 kg或50%的沼液10 kg或10%的腐熟人粪尿液10 kg，于行间20 cm浅沟施入，施肥后灌水、覆土。

5.2.3.4 着色肥

用0.2%～0.3%的磷酸二氢钾溶液喷施，或用硫酸钾复合肥（N-P-K为15-15-15）0.25 kg/株于行间20 cm浅沟施入，施肥后灌水、覆土。

5.3 水分管理

雨季注意枣园排水，做到雨停园干。枣树始花期至果实膨大期是全生育期需水量最大的时期，当干旱天气达7 d时，及时引水灌溉，高温天气一般在傍晚以后至次日凌晨灌水，随灌随排；枣果白熟期后要减少灌水量，多利用低温时段实行树冠喷水、地面洒水、树盘覆盖、穴灌等办法保水。

6 整形与修剪

通过整形修剪降低树高，控制冠形，改善光照条件，促进形成粗壮的结果母枝，为丰产创造条件。

6.1 整形

6.1.1 矮冠分层形

6.1.1.1 树体结构

主干高于 60 cm，有显著的中心干，全树留主枝 6 个～7 个，主枝基本不留侧枝，直接着生结果枝组，层间距 80 cm～90 cm。

6.1.1.2 整形方法

幼树生长 1 年后，定干高度 80 cm，剪口下第一个二次枝留桩 1 cm 疏剪，再在下方整形带内选 3 个～4 个方位二次枝留 1 个～2 个芽短截，其余二次枝均留桩疏剪。翌年冬，将主干延长枝在距第一层主枝 70 cm～80 cm 处短截，促生分枝，保留二次枝 2 个，作为第二层主枝培养。第一层主枝以上、第二层主枝以下的二次枝从基部留桩疏剪，以同样方法每个二次枝培养第三层主枝 1 个～2 个。

6.1.2 自然开心形

6.1.2.1 树形结构

主干高 70 cm～100 cm，全树 4 个～5 个主枝轮生，每个主枝上着生 2 个～3 个侧枝，树冠中心开心透光。

6.1.2.2 整形方法

自然开心形修剪，就是矮冠分层形的最下一层，定干后不留主干延长枝。

6.2 修剪

6.2.1 幼树修剪

及时定干，剪掉树干距地面 70 cm 处上部的幼干。

6.2.2 初果时期修剪

将剪口附近的枝条剪掉，促发新的枣头，对骨干枝要适当短截回缩，对各级骨干枝的延长枝摘心，疏除病枝、虫枝、弱枝。

6.2.3 盛果期修剪

主枝适当回缩，对九年生以上的结果枝组适当更新，疏除过密枝、交叉枝、枯死枝、徒长枝、细弱枝。

6.2.4 衰老期修剪

短截回缩 1/3 左右的骨干枝，促其萌发新的枣头，逐年培养成新的骨干枝，形成新的树冠。

7 保花保果

7.1 抹芽和摘心

7.1.1 抹芽

新生枣头长至 10 cm 时，每个节位只能留 1 个枣头，相邻枣头相距 20 cm 左右。结果树按树冠直径确定保留枣头数，即直径 100 cm 保留 10 个、150 cm 保留 15 个、200 cm 保留 20 个，其他过密枣头抹除或重摘心处理，主干上的萌芽随见随除。

7.1.2 摘心

枣头长出 5 个二次枝时，保留 3 个～4 个二次枝摘心，当二次枝长到 8 片叶时及时摘心，开甲前对枣树上的枣头枝、二次枝全部摘心。

7.2 放蜂

花期进行枣园放蜂，利于提高果树坐果率，放蜂后严禁喷洒拟除虫菊酯类、烟碱类、有机磷类等对蜜蜂有伤害的农药，优先选择生物源农药。

7.3 开甲

开甲即通过环状剥皮切断韧皮组织，有利于满足花芽和开花坐果对营养的需求，提高坐果率。开甲宜在盛花初期进行，即枣树30%花开放时；开甲主要在主干部位，也可在主枝、辅枝上局部开甲；第一次从地面以上20 cm处开始，每年或隔年上移5 cm左右，接近第一主枝时，再从主干下部重复进行，但剥口要错开。开甲的长度一般为树干直径的1/10～1/5，宽度为0.5 cm～0.8 cm。

7.4　环割

二年生和三年生枣树不能开甲，只能环割，盛花期在主干或主枝上围着枝干用刀横切一圈，深达木质部。

7.5　叶面喷施植物生长调节剂和微量元素

第一次喷施时间是盛花期开甲后，使用赤霉酸50 000倍、天达2116果树型1 000倍、磷酸二氢钾500倍混合溶液喷雾；第二次喷施时间为幼果绿豆大小时，用50 000倍萘乙酸溶液喷雾；第三次喷施时间为第二次喷施8 d～10 d后，用天达2116果树型1 000倍、磷酸二氢钾500倍、葡萄糖酸钙400倍混合溶液喷雾。

8　冬季管理

8.1　清洁枣园

将枣园地面的残枝、落叶、落果、杂草全部清出园外，集中销毁。

8.2　枣园管理

8.2.1　树体管理

一是用刀或钢刷将枝条上介壳虫卵刮刷干净，同时用黄泥堵住树干上的虫洞。二是刮除老树主干翘皮。三是树干刷白：用生石灰、豆渣（或面粉）和食盐各1 kg，植物油100 g，水10 kg混合拌匀后，涂抹地面以上60 cm～80 cm处的树干。

8.2.2 施肥

于秋末冬初进行，采用深沟施肥法。

8.2.3 全园挖翻

疏松熟化土壤，清除杂草及越冬虫卵和病菌。

8.3 基础设施修复

清除沟内杂草淤泥，护砌垮塌沟埂，修复排灌管道，清淤沉沙池，修缮道路。

9 病虫害防治

9.1 防治原则

按照“预防为主，综合防治”的植保方针，坚持“农业防治、物理防治、生物防治为主，化学防治为辅”的原则。

9.2 主要病虫害

9.2.1 主要病害

主要病害有枣疯病、枣缩果病、枣炭疽病、枣白粉病、枣锈病、枣裂果病、枣煤污病、叶斑病等。

9.2.2 主要虫害

主要虫害有枣瘿蚊、红蜘蛛、刺蛾、桃小食心虫、星天牛、绿盲蝽、介壳虫、金龟子等。

9.3 防治措施

9.3.1 农业防治

合理修剪，清洁田园卫生，刮除老树皮和病斑，加强保健栽培，改善树体通风透光条件，提高自身抗病虫害能力。

9.3.2 物理防治

采用园内悬挂黄色粘虫板、设置频振式杀虫灯、性诱剂诱杀、糖醋液诱杀、人工捕杀成虫、树干缠草等方法防治虫害。

9.3.3 生物防治

利用瓢虫、草蛉、丽蚜小蜂等天敌控制蚜虫；使用植物源农药、微生物源农药（如苏云金杆菌等）防治病虫害。

9.3.4 化学防治

农药使用应符合《绿色食品　农药使用准则》（NY/T 393）的规定。严格按照农药安全使用间隔期用药。主要病虫害防治推荐农药使用方案见附录A。

10　采收、包装及贮藏

根据市场需要，分批及时采收。果实品质应符合《绿色食品　温带水果》（NY/T 844）的要求；包装应符合《绿色食品　包装通用准则》（NY/T 658）的要求；贮藏设施、周围环境、卫生等应符合《绿色食品　储藏运输准则》（NY/T 1056）的要求。

11　生产废弃物处理

农业投入品废弃物应集中收集并进行无害化处理；修剪的枝条、病果集中进行粉碎，堆沤成有机肥料。

12　生产档案管理

生产者应建立生产档案，记录产地环境、品种、生产技术、肥水管理、病虫草害的发生和防治、采收、采后处理及运输贮藏等情况。所有记录应真实、准确、规范，并具有可追溯性。生产档案应保存3年以上。

附录 A
(资料性附录)
重庆地区绿色食品鲜食枣生产主要病虫害防治推荐农药使用方案

重庆地区绿色食品鲜食枣生产主要病虫害防治推荐农药使用方案见表 A. 1。

表 A. 1　重庆地区绿色食品鲜食枣生产主要病虫害防治推荐农药使用方案

防治对象	生长期	农药名称	使用剂量	施药方法	安全间隔期（d）
炭疽病	发病前或初见零星病斑时	250 g/L 嘧菌酯悬浮剂	1 500 倍液～2 500 倍液	喷雾	14
	发病初期	80%戊唑醇可湿性粉剂	3 700 倍液～5 500 倍液	喷雾	21
锈病	发病前或发病初期	80%代森锰锌可湿性粉剂	600 倍液～800 倍液	喷雾	21
盲椿象	发生初期	25%噻虫嗪水分散粒剂	4 000 倍液～5 000 倍液	喷雾	28
红蜘蛛	低龄幼虫期或卵孵化盛期	0. 5%藜芦碱可溶液剂	600 倍液～800 倍液	喷雾	10
枣尺蠖	发生初期	0. 5%甲氨基阿维菌素苯甲酸盐	1 000 倍液～1 500 倍液	喷雾	28
	虫卵孵化盛期至低龄幼虫期	16 000 IU/mg 苏云金杆菌可湿性粉剂	600 倍液～800 倍液	喷雾	
注：农药使用以最新版本《绿色食品　农药使用准则》（NY/T 393）的规定为准。					

重庆地区绿色食品露地甜樱桃生产操作规程

1 建园

1.1 园地选择

选择地势相对平坦、土层深厚、排灌方便、土壤为 pH 值 6.0～7.5 的砂壤土或轻壤土、极端低温高于-15 ℃、年平均气温 9 ℃～15 ℃、年降水量不超过 1 000 mm、年日照时数不少于 1 600 h、休眠期 0 ℃～7.2 ℃低温积累时数不少于 800 h 的地区建园。产地环境条件应符合《绿色食品　产地环境质量》（NY/T 391）的规定。

1.2 苗木选择

选择栽培品种纯正、嫁接口离地面 10 cm～15 cm 且愈合良好、苗高不低于 1 m、嫁接口直径不小于 1 cm、主根长度不小于 25 cm、侧根 5 条以上、整形带有 8 个以上饱满芽的健壮苗木。砧木可选用吉塞拉 6 号、CAB-11E（ZY-1）、大青叶等。

1.3 栽植时期

早冬或春季萌芽前定植。早冬定植一般在 12 月上中旬苗木落叶后至土壤封冻前；春季定植一般在土壤解冻后至苗木萌芽前，多为 2 月中下旬至 3 月上旬。春季回暖快或早冬不太寒冷的河谷地区建议早冬定植。

1.4　栽植技术

常采用壕沟式或垄作栽植。壕沟式栽植一般采用深 70 cm、宽 0.8 m～1.0 m 的定植沟。排水不良、土壤较黏重、地下水位高和降水量多的地方必须起垄栽培，垄高 40 cm～50 cm，垄面宽 1.5 m～2.0 m。栽植时，取掉嫁接膜，剪平砧木口，剪短过长根系，并用 K84 根癌灵加生根剂等浸蘸根系。种苗定植在垄面中央，舒展根系，扶正苗木，纵横成行。边填土边提苗，踏实，使根系与土壤充分接触，回填土至根颈处，嫁接口露出地面。栽植后及时浇足定根水，树盘覆膜保墒。

1.5　栽植密度

根据地势、栽培品种、砧木以及种植管理方式确定栽植密度。一般在肥沃土地上建园，株行距（2.5 m～3 m）×（4.5 m～5 m），每公顷栽植 666 株～888 株为宜；山地果园、矮化或半矮化砧木、生长势弱的栽培品种以株行距（2.0 m～3 m）×（4 m～4.5 m）、每公顷栽植 740 株～990 株为宜。

1.6　品种与授粉树配置

早熟品种包括春露、齐早、蜜露、早大果、伊莎贝拉、明珠、布鲁克斯等；中晚熟品种包括睿德、美早、桑蒂娜、萨米脱、赛维、拉宾斯、春雷、春晖、新星、雷尼尔、雷佶娜等。按（3～4）：1 配置授粉树，授粉品种可按行列式或中心式配置。

1.7　定干高度

春季栽苗立即定干，早冬栽苗翌年春季萌芽前定干。根据不同树形选择相应的定干高度。开心形、KGB 等树形定干高度为 40 cm～50 cm，主干形定干高为 60 cm～70 cm。达不到定干高度的苗，可在饱满芽处短剪，待新梢生长至 50 cm 左右再剪留 20 cm～25 cm 进行二次定干。

2 土肥水管理

2.1 土壤管理

2.1.1 土壤耕翻

分为扩穴深翻和全园中耕浅翻。扩穴深翻结合秋施基肥进行，在树冠滴水线附近挖环状沟或平行沟，沟宽 30 cm～50 cm，深 30 cm～50 cm。土壤回填时混以腐熟有机肥，表土放在底层，底土放在上层，然后充分灌水，使根土密接。逐年逐步外扩，直到相邻两棵树的深翻沟相接。

盛果期树秋施基肥后可用旋耕机全园中耕浅翻，翻耕深度为 10 cm～15 cm，以不伤树根为宜。

2.1.2 地膜覆盖

为提高地温、减少土壤水分蒸发、防控杂草，一般在种苗定植并浇足定根水后进行树盘地膜覆盖。栽培密度适宜、通风透光条件良好的甜樱桃园，可采用白色地膜覆盖，树干周围的透气孔用泥块将膜压住，以增温保墒，促进新根生长。雨水多、气温高的地区应在 5 月及时将膜揭掉。此时可以用园艺地布覆盖树盘或整个垄面。

2.1.3 果园生草

果园行间可以采用自然生草和人工生草两种模式，自然生草需要在行间草生长高度超过 30 cm 时刈割，用作饲料或绿肥，每年割 3 次～4 次；人工生草品种可选用毛叶苕子、白三叶草或紫花苜蓿等。采用行间条播或撒播均可，人工生草高度超过 30 cm 时刈割，用作饲料或绿肥。

2.2 施肥

2.2.1 秋季基肥

一般在 9 月—10 月落叶前施用较好，基肥施用量应占全年施肥量的 70%以上。幼树和初果期每棵树施腐熟有机肥 25 kg～50 kg，盛果期每棵树施腐熟有机肥 50 kg～100 kg，并补充适量氮磷钾平衡型复合肥。施基肥的方法是幼树用环状沟，大树宜采用辐射沟或行间开沟施入。

2.2.2 追肥

土壤追肥一般一年 3 次：第一次在萌芽前追施萌芽肥（花前肥），盛果期大树追施适宜种类的高氮中磷低钾复合肥 1.0 kg～2.0 kg；第二次追肥在甜樱桃幼果硬核期（壮果肥），每棵树施低氮中磷高钾复合肥 1.5 kg～2.5 kg；第三次追肥在采果以后（采后肥），结合夏季修剪，每棵树施高氮低磷低钾复合肥 2 kg～2.5 kg。

2.2.3 叶面喷肥

花期喷 0.2%～0.3%硼砂或硼酸 1 次～2 次；谢花后到着色期喷钙肥或 0.3%磷酸二氢钾 2 次～3 次；落叶前喷 2%尿素和 0.3%磷酸二氢钾 1 次。

叶面喷施宜在近傍晚时进行，喷洒部位以叶背为主。

2.3 水分管理

灌溉水质应符合《绿色食品　产地环境质量》（NY/T 391）的规定；甜樱桃树生长周期中的适宜灌水期为萌芽期、硬核期、采前、采后、封冻前，生长季节视墒情补水。樱桃树应避免涝害，周围不应有积水，降水量大时应及时排水。

3 整形修剪

3.1 树形结构

3.1.1 主干形

树形特点：干高 50 cm，中心干处于绝对优势地位，侧生分枝数量在 25 个以上，且数量越多越好，在中心干上不分层自由分布、角度开张，中心干和侧生分枝尽量不短截，前期树体高度不限，大量结果后再落头到 2.5 m～3 m。该树形对栽培品种和砧木类型没有特殊要求，乔化砧或矮化砧均可，适宜株行距（2 m～2.5 m）×（4 m～5 m）。

技术要点：①中心干进行抹芽、刻芽并涂发枝素；②通过抹芽拉开头部新梢与侧生新梢距离，使其处于优势地位；③对生长较为直立和强势的侧枝，基部留 2 芽～3 芽进行极重短截，使其重新发枝，削弱其生长势；④促使中心干上形成较多侧枝，侧枝越多中心干优势地位越稳固；⑤通过拉枝处理，最终确保中心干的优势地位；⑥确保果园具有较好的水肥条件。

3.1.2 KGB 树形

树形特点：干高 40 cm，树体高度 2.5 m 左右，利用直立主枝结果，并且逐年更新，整形完成后，树势均衡、结果部位分布合理。采用半矮化砧木的树体，主枝一般有 20 个～25 个，采用乔化砧木的树体，主枝一般有 25 个～30 个。适宜株行距（2 m～2.5 m）×（4 m～5 m）。

技术要点：苗木定植后 45 cm 高时定干，确保剪口下有 3 个～4 个饱满芽。当新稍长 60 cm 左右时，将所有分枝短截，短截长度依分枝生长势而定，生长势强的保留 10 cm，生长势弱的保留 15 cm。冬季修剪时将极强或极弱的分枝疏除，以保证分枝生长势整齐度。冬季休眠期或翌年5月—6月新梢长60 cm左右时，重复上述修剪过程，即留10 cm～15 cm进行短截。经过2次～3次短截后，全树主枝数量为20个左右，采用矮化或半矮化砧木的树体，不再短截；如采用乔化砧木，为控制生长，缓和树势，再短截一次，全树主枝数量30个左右。当树体结构形成后，疏剪树体中心部位的枝条，以利于通风透光。

3.1.3 开心形

树形特点：干高40 cm，树体高度2.5 m左右，利用主枝及侧枝结果，内膛通风透光，树势较均衡，结果部位分布合理。常采用半矮化砧木，主枝一般有3个～5个。适宜株行距（2.5 m～3.0 m）×（4.5 m～5 m）。

技术要点：苗木定植后，距离地面40 cm左右定干，确保剪口下20 cm整形带内有3个～5个分布较均匀的饱满芽。待新梢（主枝）长40 cm左右时，通过拉枝或撑枝等措施，将新梢枝条拉成50°左右角，剪去顶端15 cm左右，促发3个～4个分枝（1个作延长枝，其余2个～3个作侧枝），背上枝剪留1芽，所发新梢在5 cm左右摘心，主枝两边的侧枝长10 cm左右时可用牙签撑开呈60°左右角，20 cm左右时摘心。下一级延长枝长到50 cm时，重复上述操作。翌年春季萌芽前侧枝和主枝延长头适当短截，其余部位适量刻芽、涂抹发枝素，新梢长5 cm～8 cm时摘心，形成结果短枝或花束状果枝。待延长枝新梢长50 cm时，重复上述操作。第三年前后，树形基本培养完成，进入初结果期。

3.2 修剪

一般采取夏季修剪为主、冬季修剪为辅的方式。夏季修剪

（生长期修剪）主要剪除树冠内旺枝、密生枝以及剪锯口处的萌蘖枝等，矮化树体，增加树冠内的通风透光度，还要实施刻芽、扭梢、摘心及拉枝等措施。冬季修剪（休眠期修剪）以整形、调整结构为主，疏除过多的密集枝、徒长枝、细弱枝和多余的梢头枝，缩剪衰弱冗长的结果枝组，稳定结果部位。

4　花果管理

4.1　预防霜冻

霜冻来临前可通过全园灌水降低地温，延迟萌芽和开花；也可架设避雨防霜简易设施或安置智能型防霜冻烟雾发生器；或在花期夜间温度下降到2 ℃时，点燃半干半湿的草或作物秸秆形成烟雾，直到日出。

4.2　提高坐果率

开花前或花芽露白时疏去树冠内膛细弱枝上的畸形花、弱质花，每个花束状果枝留2个～3个花序；初花期、盛花期叶面喷施0.2%～0.3%硼酸各1次；盛花期进行人工授粉2次～3次或花前1 d～2 d将蜜蜂蜂箱放入园内授粉（每公顷放3箱蜜蜂）；坐果稳定后疏果，主要疏除过密果、小果、畸形果。

4.3　预防裂果

果实硬核期开始保持土壤湿度相对稳定，果实转色前一周，搭建防雨棚或树冠覆膜避雨，以防裂果。

4.4　防止鸟害

果实开始转色时架设防鸟网，也可采取人工或机械驱鸟器驱赶鸟类。

5　病虫害防治

5.1　防治原则

贯彻“预防为主，综合防治”的植保方针，按照病虫害的发生规律和经济阈值，科学、综合、协调利用农业防治、物理防治、生物防治和化学防治等手段，有效防控病虫害。农药使用应符合《绿色食品　农药使用准则》（NY/T 393）的规定。

5.2　主要病虫害

病害主要有樱桃早期落叶病（褐斑病、叶斑病）、流胶病、根颈腐烂病、根癌病、红蜘蛛等，虫害主要有绿盲蝽、果蝇、梨小食心虫、食叶害虫（如金龟子、舟形毛虫、毒刺蛾）等。

5.3　防治措施

5.3.1　农业防治

通过加强土肥水管理，保持树势健壮，提高抗病力；合理修剪，保证树体通风透光；清除枯枝落叶、刮除树干老翘裂皮、翻树盘、剪除病虫枝果，减少病虫源，降低病虫基数；生长季节后期注意控氮、控水，防止徒长。不与苹果、梨、桃、李等其他果树混栽或重茬，以防次要病虫上升为主要害虫。

5.3.2　物理防治

利用杀虫灯、色板、食饵、中间寄主等控制成虫。例如，悬挂黄板防治梨小食心虫成虫；安置杀虫灯，防治蛾类、金龟子等害虫；悬挂含有樱桃果酒或果汁的糖醋液诱饵罐（瓶）对诱捕梨小食心虫、果蝇等成虫有较好效果。

5.3.3　生物防治

调节果园生态环境，建立生态屏障隔离有害生物，保护天敌生物生存条件。人工繁育并释放害虫的病原性天敌、捕食性天敌或寄生性天敌，提倡以螨治螨、以虫治虫或以菌治虫，例如，释放瓢虫、赤眼蜂等天敌昆虫防治害虫，释放捕食螨防治红蜘蛛。

充分利用信息素、性诱剂等监测和防治害虫。悬挂迷向丝、三角屋防治梨小食心虫。

5.3.4 化学防治

根据病虫害发生规律进行化学防治，以防为主。严格控制药量和间隔期，避免连续施用单一农药，可采取轮换使用或混用方式。甜樱桃主要病虫害防治推荐农药使用方案见附录 A。

6 果实采收、分级包装及贮藏

6.1 果实采收

适时无伤采收。根据果实成熟度、用途和市场需求综合确定采收适期。采收应在晴好天气上午 10 时以前进行，阴雨天、有雾、果面潮湿时不适宜采收。应用人工采摘的方法，轻轻将果和果柄完整摘下。轻拿轻放，确保果实无划伤、扎伤、碰伤及磨伤，避免挤压。采后宜放在阴凉处，避免阳光直射。

6.2 分级包装

果实采收后，根据不同品种等级规格及时进行分级、包装，或运到预冷场所进行分级、包装。从采收到入库不宜超过 24 h。包装箱或包装盒上应标示绿色食品标志，标志设计按有关规定执行。

6.3 果实贮藏

6.3.1 冷藏

贮藏温度宜在 -1 ℃～0 ℃，空气相对湿度应保持在 90%以上。

6.3.2 气调冷藏

甜樱桃气调贮藏适宜的气体成分为 O_2 3%～5%、CO_2 5%～8%。贮藏温度 -0.5 ℃～0.5 ℃，同时，要求配备自动雾化加湿设备，空气相对湿度保持在 90%以上。

7 生产废弃物处理

7.1 枝条、落叶综合利用

枯枝、落叶是许多病虫的主要越冬场所之一，清园时必须将枯枝、落叶、杂草、树皮等集中清理出果园，进行沤肥、深埋。每年整形修剪下来的枝梢数量较多，积极开展综合利用，可用于制造生物质颗粒燃料产品，生产种植香菇等食用菌的培养基，也可将树枝粉碎，混入畜禽粪便和生物菌剂，发酵制成肥料。

7.2 地膜、农药包装处理

果园使用的地膜、生产中使用的农药与肥料包装瓶（袋）等废弃物，须在指定地点存放，并定期处理，不得乱扔，避免对土壤和水源二次污染。建立农药瓶（袋）回收机制，统一销毁或二次利用。

8 生产管理档案

针对绿色食品甜樱桃的生产过程，建立相应的生产档案，重点记录产地环境气候条件、生产技术、肥水管理、病虫草害的发生和防治、采收及采后处理等情况。记录应保存 3 年以上，做到甜樱桃生产可追溯。

附录 A

(资料性附录)

重庆地区绿色食品露地甜樱桃生产主要病虫害防治推荐农药使用方案

重庆地区绿色食品露地甜樱桃生产主要病虫害防治推荐农药使用方案见表 A.1。

表 A.1　重庆地区绿色食品露地甜樱桃生产主要病虫害防治推荐农药使用方案

防治对象	防治时期	农药名称	使用剂量	施药方法	安全间隔期（d）
清园	春季发芽前或发病初期	29%石硫合剂水剂	6 倍液～9 倍液	喷雾	7
流胶病	发病期	29%石硫合剂水剂	6 倍液～9 倍液	喷雾	7
叶斑病、褐斑病	果实采收后	10%苯醚甲环唑可湿性粉剂	1 000 倍液～1 500 倍液	喷雾	7～10
		80%代森锰锌可湿性粉剂	600 倍液～800 倍液	喷雾	28
红蜘蛛、叶螨	发生期	24%螺螨酯悬浮剂	4 000 倍液～6 000 倍液	喷雾	7
注：农药使用以最新版本《绿色食品　农药使用准则》（NY/T 393）的规定为准。					

重庆地区绿色食品刺梨生产操作规程

1　产地环境

1.1　基地选址

基地选址应远离城区、工矿区、交通主干线、工业污染源、生活垃圾场等，应具有较强的可持续生产能力，产地环境条件应符合《绿色食品　产地环境质量》（NY/T 391）的规定。

1.2　地形地势

坡度不超过25°。坡度为10°～25°的地区建园时宜修筑水平梯带，梯带带面宽度不小于2.5 m，坡向为南坡或东南坡。

1.3　土壤条件

土壤有机质含量不低于2.0%，pH值5.5～7.0，质地良好，疏松肥沃，土层厚度不小于50 cm。

1.4　气候条件

年平均气温为13 ℃～17 ℃，≥10 ℃的年有效积温为3 900 ℃～5 000 ℃，年降水量为1 100 mm～1 600 mm，年日照时数在1 000 h以上。

1.5　缓冲带

种植基地和其他农业生产区域之间应设置缓冲带保证种植基地不受污染，起到有效隔离的作用，以防止邻近常规农业生产地块的禁用物质飘移。缓冲带设置根据污染源的强弱、远近、风向等因素而定。缓冲带以自然山地、丛林、荒地或草地等天然屏障为宜，也可以人工营造树林或种植作物作为缓冲带。可在绿色食品种植区边缘 5 m～10 m 处种植树木作为双重篱墙，隔离带种植缓冲作物，隔离带宽度 8 m 左右。

2 品种选择

根据各地市场需求，结合气候特点、土壤特征和品种特性，选择适宜当地种植的优质、高产、抗病、抗逆性强、商品性好的品种。

3 播种、育苗

3.1 播种

3.1.1 种子处理

播种前，用 50 ℃～60 ℃的温水浸泡种子 1 d，取出后洗净，然后播种。

3.1.2 播种时间

随采随播或春播。春播在 2 月下旬至 3 月上旬播种，4 月上旬出苗，5 月下旬至 6 月上旬移栽苗圃。

3.1.3 播种量

播种量 3.5 g/m^2～4.5 g/m^2，均匀撒播，覆盖细土 0.5 cm～1 cm 厚，再覆草 1 cm～2 cm 厚。幼苗长到 4 片～5 片叶时，间苗 1 次～2 次，间补结合。

3.2 育苗

3.2.1 苗圃地管理

选择土壤无板结现象、土质肥沃、排灌方便、未作过刺梨苗圃的地方作为苗圃地，扦插前深挖苗圃土壤，施发酵腐熟的农家肥或有机肥，整平耙细后作宽 1 m 的厢，然后浇透水，用地膜覆盖厢面再扦插。

3.2.2 育苗密度

株行距 2 m×3 m 或 2 m×2 m，每亩种植 111 株～167 株。

3.2.3 绿枝扦插

8 月至 9 月上旬，选生长健壮、保留 2 个～3 个芽、直径不小于 0.6 cm 的当年生新梢，剪成 10 cm～13 cm 长的插条进行扦插，插条切口平滑，无机械伤，无劈裂。插前用 50 mg/L 吲哚乙酸（IAA）溶液浸泡扦插端基部 30 min。

3.2.4 硬枝或踵状枝扦插

10 月下旬，选生长健壮、保留 2 个～3 个芽、直径不小于 0.8 cm 的一年生或二年生枝，剪成 10 cm～13 cm 长的插条进行扦插，插条切口平滑，无机械伤，无劈裂。插前用 50 mg/L 吲哚乙酸（IAA）溶液浸泡扦插端基部 30 min。

3.2.5 苗木质量

苗木地径不小于 0.6 cm，苗高 35 cm～45 cm 较为适宜，分枝数 3 个以上，根系有 2 个以上一级侧根和 5 个以上二级侧根。

4 定植

4.1 整地要求

定植前 60 d～90 d 挖定植穴，整地规格为 80 cm×80 cm×60 cm。挖穴时，拣出有碍刺梨生长的坑内树根、杂草及石块，将表土与心土分别堆放，回填时用表土填入底层。施有机底肥 3 000 kg/亩以上，有机底肥与表土拌匀回填踩实。

4.2 定植时间

落叶以后定植，以 12 月为宜。

4.3 定植技术

将苗木的根系和枝叶适度修剪后放入穴中央，舒展根系，先填表土，轻轻向上提苗，扶正，踏实，再填心土，浇足定根水，栽植深度以假根颈露出地面为宜。最后在定植穴的穴面上筑 25 cm 高的树盘。

5 田间管理

5.1 灌溉

5.1.1 灌溉时间与方式

在刺梨的春梢萌动及开花期和幼果发育期（3 月—5 月）、果实膨大期（7 月），若发生干旱（田间相对持水量在 60%以下时）应及时灌溉。采前 2 d～3 d 停止灌水。提倡节水灌溉，可采用喷灌。

5.1.2 灌溉水质量

灌溉水源应是深井水或来自水库等清洁水源，不应使用污水或塘水等被污染的地表水，灌溉水各项监测指标应符合《绿色食品　产地环境质量》（NY/T 391）的要求。

5.1.3 排水

多雨季节或果园积水时应及时排水。

5.2 施肥

5.2.1 施肥原则

肥料使用应符合《绿色食品　肥料使用准则》（NY/T 394）的规定。所施用的商品肥料为农业主管部门已登记的肥料或免予登记的肥料。以农家肥、有机肥、微生物肥为主，化肥为辅，在保障刺梨营养有效供给的基础上减少化肥用量，兼顾元素之间的比例平衡，开展测土配方，精准施肥，促进化肥减量增效。

5.2.2　施肥方法

5.2.2.1　基肥

对于成年树，在每年秋季采果工作结束后，在 10 月—11 月施 1 次基肥，施有机肥 1 300 kg/亩。对于幼树，可以每株穴施 20 kg～30 kg 有机肥。

5.2.2.2　追肥

在 2 月苗木抽梢之前，需要对成年树追施 1 次生物菌肥，每株沟施 5 kg～10 kg 生物菌肥，避免在阳光直射下使用。每年 6 月—7 月，在树冠外围滴水线处挖深 15 cm～25 cm、宽 10 cm～20 cm 的扩穴沟，用环沟法每株施 5 kg～10 kg 有机肥，施后覆土；落花后用 0.5%尿素液叶面喷施 1 次。每年 2 月为幼树追施 1 次有机肥，施肥量为每株 2.5 kg～5 kg。

5.3　病虫害防治

5.3.1　防治原则

贯彻“预防为主，综合防治”的植保方针，按照病虫害的发生规律和经济阈值，以农业防治、物理防治、生物防治为主，化学防治为辅，科学、综合、协调利用各类防治手段，有效控制病虫害。农药使用应符合《绿色食品　农药使用准则》（NY/T 393）的规定。

5.3.2　常见病虫害

5.3.2.1　常见病害

常见病害有白粉病、褐斑病、烟煤病等。

5.3.2.2　常见虫害

常见虫害有梨小食心虫、柑橘小实蝇、桃蛀螟、桃小食心虫、蚜虫、白粉虱等。

5.3.3　防治措施

5.3.3.1　农业防治

合理选择苗圃田，科学选址建园，优化种植结构。在种植苗期选择抗性品种，选择利于灌溉和排水、土壤疏松肥沃、前茬作物病虫发生较少、避开重茬的苗圃地作为育苗田；新建园区选择交通方便、地势开阔、水源条件好、不易成涝、土质疏松、前茬作物未发生严重病虫的区域。加强刺梨植株的水肥管理，增强树势，注意施用底肥和追肥。对刺梨植株进行整形修剪，增加植株通透性，有效培育营养枝和结果枝，增强抗性。勤勘查病害发生情况，发现病株和病叶可除去感病枝条及感病叶片，以减少病原菌的积累，缓解发病压力。

5.3.3.2　物理防治

在刺梨园区内针对性地安装合理密度的杀虫灯，悬挂黄色粘虫板、性信息素诱捕器、糖醋液诱饵罐（瓶）等。

5.3.3.3　生物防治

充分发挥天敌的自然控制作用，保护和利用天敌，以菌治菌，使用生物农药。例如，林下养殖，适量引进和保护异色瓢虫、草蛉、食蚜蝇等捕食性天敌，林间套种对害虫具有趋避作用的植物，适时释放并保护赤眼蜂、姬蜂等寄生性天敌，使用微生物源、植物源或动物源农药。

5.3.3.4　化学防治

加强病虫预测预报，选择防治适期，提倡使用高效、低毒、低残留、与环境相容性好的农药，提倡兼治以及不同作用机理农药交替使用，严格执行农药安全间隔期，推广使用新型高效施药器械。农药品种的选择和使用应符合《绿色食品　农药使用准则》（NY/T 393）的规定。

5.4　其他管理措施

5.4.1　松土除草

夏季雨水较多时，需要及时松土，避免土壤结块。5 月、9 月、11 月人工铲除树冠周围杂草，也可根据当地杂草实际生长情况确定除草时间。

5.4.2　整形修剪

5.4.2.1　修剪原则

刺梨整形修剪要求树高维持在 1.5 m～2.0 m，冠幅 1.5 m，全丛保留 5 个～8 个主枝，所有结果母枝交错分布。在定植初期，由刺梨植株自行生长，形成树冠，然后逐步修剪过密、过长、下垂的枝条。幼树修剪以轻剪为主，通过疏梢选定和培养主枝、副主枝，主枝过多时适当疏删。盛果期树的修剪量不低于总枝量的 15%，采取冬夏修剪结合的方式完成结果母株的培养，最终实现立体结果。

5.4.2.2　冬剪

冬剪在落叶后，剪除枯枝、病虫枝、衰老枝、过密枝和纤弱枝等。

5.4.2.3　夏剪

夏剪在 6 月初，疏除过密枝，剪除内膛荫蔽枝，对超过树冠的强梢摘心或短剪。

5.4.2.4　隔行台刈更新

对于严重衰老的低产刺梨园，可从距地面 20 cm 处剪除全部大枝或主干，保留 20 cm 高丛桩。台刈更新后，深翻土壤 20 cm～30 cm，每株施有机肥 10 kg～15 kg，春季及早定梢，从萌生枝条中选留 15 个～17 个强梢培养成为结果母枝群，台刈更新 2 年～3 年后进行常规修剪。

5.4.3 疏花疏果

5 月中旬后开放的晚花一律摘除，确保果实成熟期一致。在 6 月第二次生理落果结束后，将畸形果全部疏除。

6 采收

6.1 采收时间

8 月中旬至 10 月初，在果实接近完熟、果皮由绿开始转为黄色或橙色时采收。采收时间选择早晚，宜晴天采收，禁止雨天采收。

6.2 采收方法

采摘时戴帆布手套，用手掌托住果实，满把握，向侧扳，不要扭转，注意不能用手指按压果实，以免果实受伤。

6.3 收后处理

先剔除病虫果、受伤果和畸形果，然后按级别分装，必须严格控制鲜品质量。建立采收信息，做好产品采收销售记录，以便进行质量追溯。

7 生产废弃物处理

果园中的落叶和修剪下的枝条，带出园外进行无害化处理。修剪下的枝条经粉碎、堆沤后，作为有机肥还田。废弃的地膜、农药包装袋（瓶）等应集中处理。

8 运输贮藏

8.1 贮藏设施与存放要求

贮藏温度为 8 ℃，空气相对湿度为 70%。仓库应通风、干燥、避光，并具有防鼠、防虫措施。地面应整洁、无缝隙、易清洁。存放时应与墙壁保持足够的距离，防止虫蛀、霉变。定期检查，发现腐烂变质产品立即清除。不能与有毒或有异味的物品混合存放。

8.2 贮藏管理

贮藏管理应符合《绿色食品　储藏运输准则》（NY/T 1056）的要求，并建立卫生管理制度，设专人管理。

8.3 包装材料

包装物应清洁、牢固、无毒、无污染、无异味，安全卫生符合《绿色食品　包装通用准则》（NY/T 658）的规定。

8.4 出库、入库

做好产品进出库及销售记录，以便进行质量追溯。严格执行绿色食品平行生产管理制度，产品经检验合格后，方准入库。

8.5 运输工具

可选择火车、船舶、汽车等运输工具，装运前应将货箱清理干净。

8.6 运输要求

运输时不应与其他有毒、有害、有异味的物质混装，采用专车专用。运载容器应具有较好的通气性，保持清洁、干燥、无异味、无污染，应有防晒、防潮、防雨、防污染的措施。纸箱装卸时应轻拿轻放，不得横置，避免受到冲击。

9 生产档案管理

建立绿色食品刺梨生产档案并保存相关记录。记录内容包括肥水管理、病虫害的发生及其防治、采收、采后处理、包装、销售，以及产品销售后的申诉与投诉情况等。生产档案应保存 3 年以上。

重庆地区绿色食品枇杷生产操作规程

1 产地环境

1.1 环境条件

产地环境质量符合《绿色食品　产地环境质量》(NY/T 391) 的规定，选择生态环境良好、空气无污染、土壤未受污染、地表水和地下水水质清洁、远离公路铁路干线、交通方便的地区建园。

1.2 气候条件

适宜枇杷生产的产地须年均温在 15 ℃以上，1 月均温 5 ℃以上，极端最低温不低于-3 ℃。

1.3 土壤条件

园地土壤以土层深厚、土质疏松、排灌方便、有机质含量丰富的砂质壤土为佳，地下水位宜在 1 m 以下。土壤有机质含量在 1%以上，盐分含量不超过 0.1%，微酸性至微碱性（pH 值 5.5～7.5）。

1.4 地形地势

山地果园宜选择坡度在 20°以下的坡地，坡向宜选择南坡、东南坡和西南坡，不可在冷空气沉积区域建园。

2 品种选择

2.1 选择原则

根据当地气候、土壤等环境条件以及市场需求，选择抗逆性强、丰产性好、商品价值高的优良品种。同一园区宜栽培2个～3个品种，约2/3为主栽品种，1/3为授粉品种，授粉品种应均匀分散种植。

2.2 品种选用

各地应因地制宜选用适宜品种，如大五星、早钟6号、解放钟、红灯笼、软条白沙、宁海白、冠玉、贵妃、黔星，以及各地近年选育的红（黄）肉和白肉优新品种，如白雪早、三月白、早白香等。

3 整地、栽植

3.1 整地

按株行距挖宽、深均为0.8 m～1 m的定植穴或同样宽深的定植沟。挖出的表土和底土分开堆放，穴内施腐熟的有机肥50 kg，磷肥1 kg～2 kg（酸性土选用钙镁磷肥，碱性土选用过磷酸钙），将表土与腐熟的有机肥混合后回填到定植穴的底层，磷肥和底土混合后填入中上层，回填后筑墩，高出地面20 cm～30 cm。酸性较强的土壤宜加石灰等加以改良，碱性较强的土壤可施适量硫黄粉加以改良。肥料使用应符合《绿色食品　肥料使用准则》（NY/T 394）的规定。

3.2 栽植时间

春植宜选择春梢萌动前至清明节前后（2月下旬至4月），雨水较多时进行定植；在冬季无严寒的地方，以秋植为宜，9月—11月均可栽植。

3.3 栽植密度

根据品种特点、土壤及栽培管理水平等因素确定适宜栽植密度，株距3.5 m～4.5 m，行距4.5 m～5.5 m，每亩栽植30株～40株。

3.4 栽植方法

苗木放于定植穴的中央，舒展根系，扶正苗木，填土压实，填土高度以根颈高于地面20 cm为宜，踏实，苗木栽好后应立即浇足定根水。

4 田间管理

4.1 水分管理

4.1.1 灌溉

枇杷幼果发育期气温低，果实生长缓慢，需水量小，应控制灌溉次数及灌溉量。果实膨大期可结合施肥，采取沟灌、穴灌、滴灌、渗灌和喷灌适时灌水，可促进果实膨大，提高产量。果实成熟期适当控制灌溉次数及灌溉量，避免水分过多引起裂果和降低果实风味；高温干旱时及时浇水抗旱或在树盘下覆草。7月—8月适当干旱，有利于成花。

4.1.2 排水

多雨季节或果园积水时应及时开沟排水。

4.2 施肥管理

4.2.1 施肥原则

施肥应遵循土壤健康、化肥减控、合理增施有机肥、补充中微量养分、安全优质、生态绿色的原则，肥料选择和使用应符合《绿色食品　肥料使用准则》（NY/T 394）的规定。

4.2.2 施肥时期及施肥量

4.2.2.1 幼龄树施肥

幼龄树果园施肥应薄肥勤施，除 7 月—8 月及 12 月至翌年 1 月外均可施肥，全年施 4 次～6 次，复合肥和腐熟有机肥配合施用，全年每株施平衡复合肥（N-P-K 为 15-15-15）0.2 kg～0.3 kg；10 月至翌年 2 月施冬肥一次，每株施充分腐熟的有机肥 10 kg～20 kg。

4.2.2.2 结果树施肥

（1）壮果肥

疏果后宜及时施用壮果肥，可用速效肥料（N：P：K=3：3：4）配合有机肥。每株施腐熟的稀人粪尿或沼气液 20 kg～30 kg、磷酸一铵 0.3 kg～0.5 kg、硫酸钾 0.3 kg～0.5 kg。果实膨大期至着色初期，可叶面喷施 0.2%～0.3%的磷酸二氢钾或 800 倍～1 000倍氨基酸或腐植酸水溶肥 2 次～3 次，以促进果实膨大、着色和糖分积累。

（2）采果肥

采果后夏梢抽发前，宜施入采果肥，晚熟品种可提前在采果前施入，以速效肥（N：P：K=3：2：2）为主，每株施水溶复合肥 0.2 kg～0.3 kg。

（3）花前肥

现蕾前夕宜施用花前肥（基肥），以有机肥为主，混合少量化学肥料。每株施用腐熟有机肥 20 kg～30 kg、平衡复合肥（N-P-K 为 15-15-15）0.6 kg～1 kg、硼砂 0.1 kg～0.2 kg。初花期叶面喷施 0.1%～0.2%硼砂和 0.2%～0.3%的磷酸二氢钾 1 次～2 次，可提高坐果率。

4.3 整形修剪

4.3.1 整形

定植后根据品种等具体情况选定适宜树形，如双层杯状形和单层杯状形。双层杯状形有一定的防日灼和冻害效果，在日灼和冻害发生频率较高的情况下可选用。在日灼和冻害不常发生的情况下则可选用单层杯状形，其优点是树体管理比前者方便得多。

双层杯状形定干高度 50 cm～60 cm，主枝呈二层分布，第一层主枝数 3 个～4 个，第二层主枝数约 3 个，第一层到第二层的层间距 0.8 m～1.0 m，两层主枝交错分布，在主枝上合理配置侧枝、枝组，形成下大上小的两层树冠。

单层杯状形定干高度 50 cm～60 cm，选留 3 个～4 个主枝，每个主枝选留 2 个～3 个侧枝，均匀分布。

4.3.2 修剪

4.3.2.1 幼龄树

新植一年生至三年生幼龄树不宜修剪或轻剪，应让其多发枝梢，过密枝可在第二年和第三年适当疏除，春剪配合选定树形，抹去多余芽；夏剪时，除让主枝保留预定角度生长外，其余枝梢在 7 月—8 月停止生长时对其拉枝、扭梢。

4.3.2.2 结果树

2 月—3 月结合疏果进行春季修剪，疏除树冠内的密生枝、衰弱枝、重叠枝、交叉枝和徒长枝。

夏季修剪，采果后及时修剪促进夏梢早萌发、早停长。采果时保留结果枝基部 3 片～5 片叶对其短剪，衰弱结果枝从基部进行疏剪；疏除树冠内密生枝、纤弱枝，对部分多年生弯曲枝、细弱枝进行回缩。秋季结合疏花，抹去花穗上抽生的营养枝。

4.3.2.3 衰老树

对于树体衰弱、老化的枇杷树，可采用回缩进行逐年更新：剪去树冠中上部 2 个～3 个直立枝组，使光线能照射到树冠内堂；疏剪或回缩树冠外围的密生枝、衰弱枝。易成花品种（如大五星、早钟 6 号）适宜在采果后进行回缩更新修剪。

4.4 花果管理

4.4.1 疏花穗

10 月—11 月，能看清全树的花穗、花穗的支轴尚未分离前即可进行疏穗，疏去过早和过晚的花穗、弱花穗、分布过密的花穗和多余花穗，疏穗量依树势强弱、花穗量多少而定，参考标准为疏穗后结果枝比例为 70%左右，保留的花穗宜在树冠上均匀分布。

4.4.2 疏花蕾

疏花穗和疏花蕾可同时进行。大果型品种每穗留 3 个～4 个支轴，中小果型品种每穗留 4 个～6 个支轴，疏去花穗基部和顶部的若干支轴，保留中部的支轴；疏掉每个支轴末端的花蕾。

4.4.3 疏果

无冻害时，能分辨出果实发育优劣时进行疏果，越早越好；有冻害时，断霜后进行。疏除生长发育不良果、受冻果、畸形果、病虫害果。依据品种的果实大小、树势或结果母枝叶片数量质量确定留果量：强壮、叶片多且质量高的结果母枝多留果，反之少留。大果品种，树势较弱或结果母枝弱，叶片较少且质量较差，每穗留果 3 个左右，小果品种，树势较强或结果母枝健壮，叶片多且质量高，每穗留果 4 个～5 个。

4.4.4 套袋

最后一次疏果后进行一次主要针对果实的病虫害防治，然后进行套袋，最好使用专用果袋。

4.4.5 花果防冻

采用塑料大棚、树冠包膜、花（果）穗套袋、喷叶面肥等方法预防冬季低温霜冻对枇杷花果的影响。

4.5 病虫草害防治

4.5.1 防治原则

遵循“预防为主，综合防治”的植保方针，优先采用农业措施，提倡采用物理措施和生物措施，科学合理使用低风险农药，药剂选择和使用应符合《绿色食品　农药使用准则》（NY/T 393）的规定。

4.5.2 常见病虫草害

主要病害：叶斑病、炭疽病、枝干腐烂病、花腐病等。

主要虫害：梨小食心虫、蚜虫、木虱、黄毛虫、介壳虫、天牛类、蓟马、螨类等。

主要草害：旱熟禾、茼草、牛筋草、稗草、狗尾草、刺苋等。

4.5.3 防治措施

4.5.3.1 农业防治

禁止从疫区引入种苗、接穗。选用本地主要病虫害抗性较强的优良品种，培育壮苗，加强田间管理，科学施肥，冬季清园，清理杂草，合理修剪，剪除病虫枝。提倡生草栽培，改善果园生态环境。

4.5.3.2 物理防治

果园安装或悬挂频振式杀虫灯、黑光灯、粘虫板、糖醋液诱饵罐（瓶）等诱杀害虫；对发生较轻、为害中心明显及有假死性的害虫，采用人工捕杀。

4.5.3.3　生物防治

保护利用天敌，采用以菌治虫、以虫治虫、植物驱虫的方式，使用植物源农药、微生物源农药等防治病虫。

4.5.3.4　化学防治

严格按照《绿色食品　农药使用准则》（NY/T 393）的规定执行。加强病虫草害的预测预报，适时用药；注重药剂的轮换使用和合理混用；严格遵守农药安全使用间隔期，规范农药使用浓度。对化学农药的使用情况进行严格、准确的记录，主要病虫害防治推荐农药使用方案见附录 A。

5　采收

在果实呈现出该品种的固有色泽时采收，分期分批采收。宜在上午或阴天时采收。如果实套袋，采收时应把果实和果袋一起采下。用手轻拿果穗梗或果梗，小心剪下，采摘后果穗或果实放入垫有细软衬垫材料的竹筐或塑料筐内，轻摘轻放，避免擦伤果面绒毛；采后果实及时搬运到阴凉通风处，避免日晒雨淋。果品质量符合《绿色食品　热带、亚热带水果》（NY/T 750）的规定。

6　生产废弃物处理

生产过程中使用的农药、肥料等投入品以及果实套袋用的果袋等应集中收集处理，病叶、残枝败叶和杂草应清理干净，集中粉碎，进行无害化处理，用于堆沤有机肥料以循环使用，保持田间清洁。

7 运输贮藏

7.1 运输

运输工具应清洁、卫生、无污染、无杂物，具有防晒、防雨、通风和控温措施，可采用保温车、冷藏车等。装载时包装箱应顺序摆放，防止挤压，运输中应稳固装载，留通风空隙。运输环节应符合《绿色食品 储藏运输准则》（NY/T 1056）的规定。

7.2 贮藏

采用低温贮藏，经预冷后的果实移入冷库，贮藏期间库内温度保持在 6 ℃～8 ℃、空气相对湿度保持在 90%～95%为宜，温度、湿度应保持相对稳定。

8 生产档案管理

建立绿色食品枇杷生产档案并保存相关记录。应详细记录产地环境条件、生产技术、病虫草害的发生和防治措施、采收及采后处理等生产情况。生产档案应保存 3 年以上。

附录 A
（资料性附录）
重庆地区绿色食品枇杷生产主要病虫害防治推荐农药使用方案

重庆地区绿色食品枇杷生产主要病虫害防治推荐农药使用方案见表 A. 1。

表 A. 1　重庆地区绿色食品枇杷生产主要病虫害防治推荐农药使用方案

防治对象	防治时期	农药名称	使用剂量	施药方法	安全间隔期（d）
炭疽病	发病初期	25%嘧菌酯悬浮剂	800 倍液～1 000 倍液	喷雾	21
叶斑病	发病初期	255 g/L 异菌脲悬浮剂	425 倍液～625 倍液	喷雾	14
病害	发病初期	80%多菌灵可湿性粉剂	800 倍液～1 600 倍液	喷雾	20
食心虫	发生初期	40%辛硫磷乳油	1 000 倍液～2 000 倍液	喷雾	7
黄毛虫	低龄幼虫盛发期	8 000 IU/mg 苏云金杆菌可湿性粉剂	400 倍液～500 倍液	喷雾	
介壳虫	发生初期	95%矿物油乳油	50 倍液～60 倍液	喷雾	
注：农药使用应以最新版本《绿色食品　农药使用准则》（NY/T 393）的规定为准。					

重庆地区绿色食品露地蓝莓生产操作规程

1 产地环境

产地环境条件应符合《绿色食品 产地环境质量》(NY/T 391)的要求。应选择生态环境好、无污染、远离工矿区和公路铁路干线的地区，地块周围有防护林隔离带，地下水位在1 m以下。地块坡度不超过10°，优先选择pH值4.5～5.5的土壤，土壤有机质含量8%～12%为宜，最低不低于5%。如果不能满足条件，应进行土壤改良（详见本规程3.1）。

2 品种选择

根据园地土壤、气候、环境条件及市场需求，选择适宜当地气候、抗性强的品种。南高丛蓝莓品种可选用奥尼尔、绿宝石、珠宝、优瑞卡、密斯提、春高、天后、海岸、法新、莱格西、比洛克西、阳光蓝、蓝雨等；兔眼蓝莓品种可选用粉蓝、灿烂、芭尔德温、顶峰、园蓝等，北高丛蓝莓品种可选用蓝丰、布里吉塔、瑞卡、卡拉等。

3 整地与栽植

3.1 土壤改良

3.1.1 土壤pH值调节

当土壤pH值大于5.5时，施用硫黄粉降低pH值。施用硫黄粉要在定植前1年或至少在定植前6个月进行，施用时将硫黄粉均匀撒入全园土壤，用旋耕机旋耕3遍~5遍，直到均匀。调节土壤pH值至4.5的硫黄粉用量参见附录A；当土壤pH值小于4.0时，用生石灰进行调节，亩施用生石灰534 kg可使pH值从3.3升至4.0以上。改良后的土壤应符合《绿色食品　产地环境质量》（NY/T 391）的要求。

3.1.2 有机质改良

土壤有机质含量低于5%时，须增施腐熟农家肥或腐殖土提高土壤有机质含量。栽植蓝莓时可将无害化处理后的锯末、草炭、松针、农家肥或腐殖土等物料掺入土壤。改良后的土壤应符合《绿色食品　产地环境质量》（NY/T 391）的要求。

3.1.3 pH值监测

实时监测果园pH值变化，如果土壤pH值高于5.5，可用硫黄粉、黑矾、酸性有机复合肥、硫酸铵等对土壤pH值进行调节。

3.2 整地与起垄

深松土壤后每亩撒施腐殖土4 000 kg~5 000 kg、锯末1 000 kg~2 000 kg，旋耕1次~2次。起垄栽培，南北成行，垄面下底宽1.0 m~1.5 m，上底宽0.8 m~1.0 m，高度不低于0.5 m，挖0.4 m×0.4 m×0.5 m大小的定植穴。

3.3 苗木选择

选择二年生或三年生苗木。要求苗木健壮，无病虫害或明显机械损伤，有 2 个以上完全木质化的分枝。

3.4 栽植密度

高丛品种行距 2.0 m～3.0 m，株距 0.6 m～1.2 m；兔眼品种行距 3.0 m～4.0 m，株距 1.5 m～2.0 m。

3.5 栽植方法

在秋季植株停止生长后至春季萌芽前进行栽植。栽植时在定植穴内回填基肥和熟土 20 cm～30 cm，将苗木放在穴中央熟土层上，填土，回填土层深度以苗木根茎部略高于原地面为宜，踏实，浇足定根水，再覆盖一层 1.0 cm～2.0 cm 厚的细土，植株根系不得与肥料直接接触。

4 田间管理

4.1 土壤管理

定植后 3 年内，每年进行行内清耕 3 次、春季清耕 2 次、冬季清耕 1 次，清耕后覆盖松针、树皮、松壳、秸秆等物料。

4.2 肥料管理

4.2.1 施肥原则

以有机肥为主、化肥为辅，平衡施肥，严格控制有机肥料质量。忌施硝基氮肥、含氯肥料、酰胺态氮肥料。肥料施用应符合《绿色食品　肥料使用准则》（NY/T 394）的要求。

4.2.2 施肥方法

采用沟施或穴施，在树冠滴水线外缘挖穴，肥料与土壤混合均匀施入，沟、穴深度一般壤土为 8 cm～12 cm、黏土为 15 cm～20 cm。

4.2.3 施肥数量和次数

每年施基肥 2 次，在早春萌芽前和果实采收结束后 1 周进行。基肥以腐熟农家肥或有机肥为主，每年施用 2 000 kg/亩～3 000 kg/亩。追肥用量每年不超过 30 kg/亩，宜采用水肥一体化方式施用大量元素水溶性肥料。

4.3 水分管理

果园土壤应保持湿润，土壤含水量 50%～65%，高温干旱季节，每天至少灌溉 3 次，其他季节视天气情况每 3 天灌溉一次。雨季汛期及时排水防涝。

4.4 树体管理

4.4.1 幼树修剪

幼树栽植后，选取强壮主枝留 10 cm～15 cm 短截，促发新枝，细弱小枝疏除；7 月底前将主枝上发出的长度超过 30 cm 的新梢以及 30 cm 以上的基生枝短截 1/3；白露前后，将基生枝和新梢上未停长的二次枝在其半木质化位置进行摘心，以促进花芽形成；定植第二年应继续以扩大树冠为主，修剪方法同第一年。

4.4.2 成年树修剪

栽植 3 年以上的成年树修剪以控制树高、改善光照条件为主，疏除过密枝、细弱枝、病虫枝及分蘖枝；树姿较开张的品种去弱枝、留强枝，树姿直立的品种去中心干、开天窗，并留中庸枝；成年树花量大，除去一部分花芽，每个壮枝留 2 个～3 个花芽。

4.5 花果管理

花前结合修剪，疏除过多细弱花枝、花芽；花期放蜂促进授粉，每亩放蜂 1 箱；在初花期、幼果期叶面喷施 1 次～2 次

0.2%的磷酸二氢钾以提高坐果率；摘除后期开花的小果、畸形果、密闭果。

5　病虫鸟害防治

5.1　防治原则

坚持“预防为主，综合防治”的植保方针，优先采用农业防治、物理防治、生物防治方法，科学合理采用化学防治方法。加强蓝莓病虫鸟害的预测预报工作，及时掌握病虫鸟害的发生情况。科学、综合、协调利用农业防治、物理防治、生物防治和化学防治等手段，有效控制病虫鸟为害。农药的选择和使用应符合《绿色食品　农药使用准则》（NY/T 393）的要求。

5.2　主要病虫鸟害

重庆地区蓝莓的病害主要有僵果病、枝枯病等；虫害主要有蓝莓蚜螨、菜蚜、金龟子、果蝇等；鸟害主要有麻雀、喜鹊、乌鸦、斑鸠等。

5.3　防治措施

5.3.1　农业防治

选用抗（耐）病虫品种，培育壮苗。加强田间管理，保持田间通风透光，科学施肥灌水，增施有机肥，减少化肥用量。结合冬季修剪，剪除病枝、虫枝，及时清园和人工除草，减少越冬的病虫基数。果实采前半个月内控水，适时采收，避免碰伤等。

5.3.2　物理防治

利用频振式杀虫灯、黑光灯、糖醋液诱饵罐（瓶）、粘虫板等诱杀害虫；蓝莓果实成熟期，用防鸟网、稻草人、电驱鸟器、反光条（带）等驱赶鸟类。

5.3.3　生物防治

改善果园生态环境，建立生态屏障隔离有害生物，保护天敌生物生存条件。人工繁育并释放害虫的病原性天敌、捕食性天敌或寄生性天敌。充分利用信息素、性诱剂等来监测和防治害虫。优先选用生物源农药防治病虫害。

5.3.4 化学防治

根据蓝莓病虫害发生规律进行化学防治，发病初期及早用药，提倡兼治和不同作用机理农药交替使用。严格控制施药量和施药次数，避免连续施用单一农药。蓝莓主要病虫害防治推荐农药使用方案见附录 B。

6 采收

根据果实成熟特有的色泽变化，按果实用途适时采收。鲜食蓝莓宜手工采摘，盛果期 2 d～3 d 采收一次，初果期和末果期 4 d～6 d采收一次。采摘应在早晨露水已干至中午高温以前或下午气温下降后进行。采摘时应戴手指套，轻摘、轻拿、轻放，按果径大小进行分级。采收后须尽快采用风冷或水冷措施，以降低果实的田间热。采收时严格遵守农药安全间隔期的要求。

7 生产废弃物处理

采收结束后应及时将植株残体与杂草、农药与肥料等投入品包装物、废旧地膜与滴灌带等生产废弃物集中回收处理。农药包装袋（瓶）及病株应做无害化处理。园内杂草及疏花疏果后产生的枝叶可就地深埋或与有机肥一同发酵腐熟后作为肥料使用。绿色食品生产中应使用可降解地膜或无纺布地膜，减少对环境的危害。

8 包装与储运

8.1 包装

蓝莓包装材料应坚实、牢固、干燥、清洁卫生、无不良气味。按同一品种、同一批次进行包装。包装应符合《绿色食品　包装通用准则》（NY/T 658）的要求。

8.2　储藏

保鲜存放的果实采收后 5 ℃～8 ℃预冷 10 h～12 h，存放在 2 ℃～5 ℃的冷库中。库房应定期清理打扫并消毒，保持库房低温、清洁、无异味。果实不与有毒有害物品混合存放。长期保存果应在-25 ℃速冻后在-18 ℃的条件下冷冻储藏。在冷库中，包装的果实不得直接着地或靠墙，垛间留有通道。储藏应符合《绿色食品　储藏运输准则》（NY/T 1056）的要求。

8.3　运输

运输工具应保持清洁、卫生、干燥、无异味，定期消毒。专车运输，不与有毒、有害物品混装混运。长途运输宜采用冷藏车辆。装卸时轻拿轻放，减少颠簸。运输应符合《绿色食品　储藏运输准则》（NY/T 1056）的要求。

9　生产档案管理

生产者须建立绿色食品蓝莓生产档案，做好生产过程的全面记录，确保生产活动可追溯。详细记录产地环境条件、生产技术、肥水管理、病虫草害防治、采收、储藏、运输、销售等环节所采取的具体措施，以及申诉、投诉的处理情况。记录应真实准确，生产档案应保存 3 年以上。

附录 A
(资料性附录)
重庆地区绿色食品露地蓝莓生产土壤改良硫黄粉推荐用量

重庆地区绿色食品露地蓝莓生产土壤改良硫黄粉推荐用量见表 A. 1。

表 A. 1 重庆地区绿色食品露地蓝莓生产土壤改良硫黄粉推荐用量

（单位：kg/亩）

土壤原始 pH 值	土壤 pH 值调节至 4. 5 的硫黄粉用量		
	砂土	壤土	黏土
5. 0	13. 1	39. 7	60. 0
5. 5	26. 3	78. 7	120. 0
6. 0	39. 7	115. 5	173. 2
6. 5	49. 5	151. 5	227. 2
7. 0	63. 0	191. 6	287. 2
7. 5	75. 0	228. 0	342. 0

附录 B
(资料性附录)
重庆地区绿色食品露地蓝莓生产主要病虫草害防治推荐农药使用方案

重庆地区绿色食品露地蓝莓生产主要病虫草害防治推荐农药使用方案见表 B. 1。

表 B. 1 重庆地区绿色食品露地蓝莓生产主要病虫草害防治推荐农药使用方案

防治对象	防治时期	农药名称	使用剂量	施药方法	安全间隔期（d）
病害	发病前和发病初期	25%多菌灵可湿性粉剂	250 倍液～500 倍液	喷雾	28
		40%多菌灵可湿性粉剂	400 倍液～800 倍液	喷雾	28
		40%多菌灵悬浮剂	400 倍液～800 倍液	喷雾	28
		50%多菌灵可湿性粉剂	500 倍液～1 000 倍液	喷雾	28
		80%多菌灵可湿性粉剂	800 倍液～1 600 倍液	喷雾	28
白粉病、枝枯病	早期预防	50%硫黄悬浮剂	200 倍液～400 倍液	喷雾	2
多种害虫	发生初期	18%杀虫双水剂	500 倍液～800 倍液	喷雾	15
蚜虫、螨、食心虫	发生期	40%辛硫磷乳油	1 000 倍液～2 000 倍液	喷雾	7

（续表）

防治对象	防治时期	农药名称	使用剂量	施药方法	安全间隔期（d）
杂草	3 年以上树龄的蓝莓园，杂草生长期	75%环嗪酮水分散粒剂	80 g/亩～160 g/亩	定向茎叶喷雾	90
注：农药使用应以最新版本《绿色食品　农药使用准则》（NY/T 393）的规定为准。					

重庆地区绿色食品露地杨梅生产操作规程

1　产地环境

1.1　环境条件

应符合《绿色食品　产地环境质量》（NY/T 391）的规定。

1.2　气候条件

年平均温度为 15 ℃～20 ℃，绝对最低温度不低于-9 ℃，≥10 ℃的年有效积温在 4 500 ℃以上，年平降水量在 1 000 mm 以上。

1.3　园地选择

宜选择生态环境良好、远离污染源的平地或坡度不超过 30°且海拔在 2 000 m以下的缓坡地（或山地）建园。

1.4　土壤条件

宜选择土层深厚、通透性良好，pH 值为 4.5～6.5 的砂壤土或轻壤土。

2　品种选择

2.1　选择原则

根据种植区域和生长特点，选择耐寒、耐旱、抗病能力强，适合当地生长的优质品种。

2.2 品种选用

宜选择东魁、荸荠种、黑炭等优良品种。

2.3 苗木选择

宜选择一年生或二年生根系发达的优质嫁接苗。一年生苗直径大于 0.5 cm，高度大于 40 cm；二年生苗应带土移栽。

3 定植

3.1 定植时间

分春植和秋植，于无风的阴天栽植。春植在 2 月上旬至 3 月中旬，秋植在 10 月上旬至 12 月中旬，以春植为宜。

3.2 定植密度

株距 4 m～5 m，行距 5 m～6 m，一般每亩种植 25 株～35 株。

3.3 定植方法

3.3.1 挖穴、施足基肥

定植穴以直径 100 cm、深度 80 cm 为宜。定植前 15 d，在定植穴内施好基肥。基肥分两层，底层为粗秸秆，厚约 30 cm；上层为焦泥灰、腐殖土或腐熟农家肥加 1 kg 复合钾肥均匀搅拌，厚约 30 cm。施完基肥后，表土回填，厚约 30 cm。

3.3.2 栽植方法

一年生苗采用裸根苗移栽，剪除过长和劈裂的根系，嫁接口上方留 25 cm～30 cm 短截，留叶柄剪除全部叶片，去除接膜；二年生苗采用树苗带土移栽，泥球应包裹侧根不外露，再用草绳包紧泥球。在定植穴表土层上定植，理顺根系，踩实，浇足定根水。

4 田间管理

4.1 土壤管理

4.1.1 深翻改土

秋冬季节进行，从树冠外围滴水线处开始，向上坡面和左右两侧深翻，逐年向外扩展，可结合施基肥，采用放射状、环状等方法，并隔年轮换。

4.1.2 生草套种

提倡自然生草或人工生草。每年在采收前及伏旱前刈割 2 次进行树盘覆盖；每 3 年—4 年于秋冬季进行一次深翻，深度宜为 20 cm～30 cm。

4.2 施肥管理

4.2.1 施肥原则

宜遵循培肥地力、改良土壤、平衡施肥、以地养地的原则，科学、平衡、合理施用肥料。根据土壤状况、杨梅品种、生长阶段及栽培条件等因素，选择肥料类型和施肥方式。肥料的使用应符合《绿色食品　肥料使用准则》（NY/T 394）的规定。

4.2.2 施肥方法

4.2.2.1 幼龄树

在萌芽前或萌芽后施用。注重速效性肥料的施用，以氮肥为主，配合磷钾肥。每株每次施复合肥 0.2 kg，每年 3 次～5 次。

4.2.2.2 成年树

一般年施肥 2 次～3 次。实行适氮控磷增钾施肥原则，氮、磷、钾的配比以 1∶0.3∶4 为宜。4 月下旬至 5 月初，施壮果肥，株施硫酸钾肥 1 kg 左右，同时，注意喷施硼、锌、钼等微量元素；6 月底至 7 月上旬，施采后肥，株施硫酸钾复合肥

0.5 kg～1 kg，加生物有机肥 10 kg，树势强结果少的可少施或不施；10 月底至 11 月，施基肥，株施生物有机肥 10 kg～15 kg。

4.3 水分管理

灌溉水应符合《绿色食品　产地环境质量》（NY/T 391）的规定。果实膨大期、花芽分化期以及季节性旱涝期，加强水分管理。

4.4 整形修剪

4.4.1 幼树整形

采用自然开心形，定干高度约 60 cm，主枝 3 个～5 个，主枝与水平面呈 30°～45°基角。主枝上配备不同方位的副主枝 3 个～4 个，副主枝上培养结果枝组。采用抹芽、摘心、拉枝、短截、疏枝等方法，使枝梢疏密适中，分布有序，形成良好的丰产、稳产树体结构。

4.4.2 结果树修剪

适当疏删过密枝、直立枝、交叉枝、病虫枝，逐年锯除中心直立大枝，使树冠开张、枝梢生长健壮、通风透光良好，防止树冠内和株间枝梢交叉，通过枝梢控制保持树体生长与结果相对平衡。树体高度控制在 3 m 以下，锯口和剪口宜平整，锯口可用 20%硫酸铜溶液消毒，再涂上保护蜡、调和漆等保护剂。

4.4.3 衰老期修剪

逐年对主枝或副主枝适当回缩，更新结果枝组，恢复树势，延长结果年限。

4.4.4 修剪时间

休眠期修剪时间主要在 11 月至翌年 2 月，冷空气来临前后不宜修剪；生长期修剪时间在 4 月—7 月，采后大枝修剪要求在

7月下旬前完成。

4.5　花果管理

对杨梅旺树采取不施氮、增施钾肥和磷肥的措施保果。对花枝、花芽过量或结果过多的树进行适度修剪，疏除过密、过弱的花枝，以促发抽生春梢，确保适量挂果；少花树则在开花前后喷硼、磷、钾混合液保花保果，并疏除树冠中上部部分春梢保果。对东魁等树势旺盛的品种，宜采取人工疏果。疏果在果实生理落果结束后至果实迅速膨大期前进行，一般分2次～3次疏除病虫果、畸形果、小果。疏果标准为长度在15 cm以上的长果枝和粗壮果枝留果3个～4个，长度为5 cm～15 cm的中果枝留果2个～3个，长度在5 cm以下的短果枝留果1个。

4.6　病虫害防控

4.6.1　常见病虫害

4.6.1.1　主要病害

主要病害有癌肿病、白腐病、干枯病、枝腐病、褐斑病等。

4.6.1.2　主要虫害

主要虫害有果蝇、蓑蛾、尺蠖、卷叶蛾等。

4.6.2　防治原则

应本着“预防为主，综合防治”的植保方针，优先采用农业措施，尽量利用物理措施和生物措施，必要时合理使用低风险农药，药剂的选择和使用应符合《绿色食品　农药使用准则》（NY/T 393）的规定。

4.6.3　防治方法

4.6.3.1　农业防治

培育健壮树势，增强树体抗性。合理修剪，改善通风透光条件。清理园地，清除腐烂杂物。晚秋（11 月上旬）及早春(3 月上旬)，可选择石灰 5 kg、硫黄 0.5 kg、食盐 100 g、动物油 100 g、水适量调成糊状，将果树的主干基部进行涂白。人工捕杀害虫卵块、幼虫、虫茧（蛹）和成虫。人工刮除病斑或摘除病枝，集中烧毁。

4.6.3.2 物理防治

4 月中旬至 6 月下旬每株树挂黄色粘虫板 1 张，每 10 d 换一次；悬挂糖醋液诱饵罐（瓶）诱杀果蝇，每树挂 1 个～2 个；采用频振式杀虫灯诱杀卷叶蛾、尺蠖、蓑蛾等多种害虫，每 5 亩～10 亩安装 1 盏杀虫灯，悬挂于果园周边或相对制高点，5 月下旬至7 月中旬开灯，采果结束后停止使用。

4.6.3.3 生物防治

保护和利用瓢虫、草蛉、螳螂等捕食性天敌，或赤眼蜂、丽蚜小蜂、广大腿小蜂、肿腿蜂等寄生性天敌。应用微生物源、植物源农药防治病虫害。5 月下旬至 6 月下旬，采用昆虫性诱剂诱杀果蝇等害虫，每树悬挂 1 个果蝇性诱剂诱集器，离地 1.5 m 高。

4.6.3.4 化学防治

加强病虫害的预测预报，选用已在农业主管部门登记的农药和《绿色食品　农药使用准则》（NY/T 393）推荐的农药，适时用药；注重药剂的轮换使用和合理混用；严格按照农药安全使用间隔期、规定用药浓度用药，喷雾或撒施均匀。对化学农药的使用情况进行严格、准确的记录。主要病虫害防治推荐农药使用方案见附录 A。

5 采收

5.1 适时采收

果实呈现该品种成熟果固有色泽（如东魁果实为深红色，荸荠种、黑炭果实为紫黑色）、肉柱由尖变钝圆时采收。

5.2 采收方法

采收应在晴天早晨进行，每天采收1次；分批采收，一般不宜在雨天或雨后初晴采收，但遇果实过熟，也可采收。采收时以三指握住果实，食指顶住柄部，往下按动，即可轻轻采下果实。采收时应轻采、轻放，不应摇落果实。

5.3 采收后处理

杨梅采收后，分级与预冷应符合《杨梅低温物流技术规范》（NY/T 2315）的规定。应在通风良好、配备大功率风扇的操作间进行分级和分装，分级时应剔除不良果品，轻拿轻放，减少机械损伤。果实采收后宜在2 h内完成分级并进行预冷处理，宜选用差压预冷机、真空预冷机等进行预冷，使果心温度降至0 ℃～2 ℃。

6 包装

应符合《绿色食品　包装通用准则》（NY/T 658）及《杨梅低温物流技术规范》（NY/T 2315）的规定。在分装果盒内底部及顶部垫衬具有缓冲作用的材料，或选用半真空包装形式来固定包装内的杨梅果实。运输包装宜选择泡沫箱与蓄冷材料组合的形式。产品应有统一的包装标识，包装标识应按规定标注品牌、产品名称、产地、生产销售单位及其联系电话、生产日期、产品质量等级内容。

7　生产废弃物处理

7.1　资源化处理

及时收集生产中使用的投入品包装袋等废弃物，集中回收并统一运输到残膜收购和再生加工企业，不可随处堆放。疏花疏果后产生的废弃枝叶可粉碎处理后还田，增加土壤的有机质，改良土壤，培肥地力。

7.2　无害化处理

农业投入品的包装废弃物应回收交由有资质的部门或网点集中处理，不得随意弃置、掩埋或焚烧。

8　运输贮藏

应符合《绿色食品　储藏运输准则》（NY/T 1056）及《杨梅低温物流技术规范》（NY/T 2315）的规定。杨梅果实从包装场到达销售端的运输时间期限，不宜超过 48 h；运达后应及时销售，其间不宜再次分装。采用低温冷藏车运输，运输温度宜为 2 ℃～5 ℃；冷藏车应行车平稳，减少颠簸和剧烈震荡；装卸货时应轻装轻卸，车厢内温度宜控制在 8 ℃以下，并尽量缩短卸货时间。

9　生产档案管理

建立绿色食品露地杨梅生产档案。应记录全部农事活动，特别是生产过程中农药、肥料的使用情况及其他栽培管理措施。生产档案至少保存 3 年。

附录 A
(资料性)
重庆地区绿色食品露地杨梅生产主要病虫害防治推荐农药使用方案

重庆地区绿色食品露地杨梅生产主要病虫害防治推荐农药使用方案见表 A. 1。

表 A. 1 重庆地区绿色食品露地杨梅生产主要病虫害防治推荐农药使用方案

防治对象	防治时期	农药名称	使用剂量	施药方法	安全间隔期(d)
褐斑病	果实采收后、发病前至发病初期	6%井冈·嘧苷素水剂	200 倍液~400 倍液	喷雾	7
		25%嘧菌酯悬浮剂	800 倍液~1 000 倍液	喷雾	收获期
		33.5%喹啉铜悬浮剂	1 000 倍液~2 000 倍液	喷雾	14
		43%氟菌·肟菌酯悬浮剂	1 500 倍液~3 000 倍液	喷雾	15
		30%吡唑醚菌酯·腈菌唑悬浮剂	2 500 倍液~3 000 倍液	喷雾	14
		20%抑霉唑水乳剂	600 倍液~800 倍液	喷雾	14
		68%精甲霜·锰锌水分散粒剂	600 倍液~800 倍液	喷雾	21
癌肿病	发病前至发病初期	33.5%喹啉铜悬浮剂	500 倍液~750 倍液	喷雾	14

（续表）

防治对象	防治时期	农药名称	使用剂量	施药方法	安全间隔期（d）
白腐病	果实转色期、发病前至发病初期	25%吡唑醚菌酯悬浮剂	1 200 倍液～1 500 倍液	喷雾	7
		36%喹啉·戊唑醇悬浮剂	800 倍液～1 200 倍液	喷雾	14
		22.5%啶氧菌酯悬浮剂	1 000 倍液～1 500 倍液	喷雾	7
灰霉病	发病前至发病初期	38%唑醚·啶酰菌悬浮剂	1 000 倍液～2 000 倍液	喷雾	14
介壳虫	发生前至发生初期	95%矿物油乳油	50 倍液～60 倍液	喷雾	
		20%松脂酸钠可溶粉剂	200 倍液～300 倍液	喷雾	
		65%噻嗪酮可湿性粉剂	2 500 倍液～3 000 倍液	喷雾	15
果蝇	发生前至发生初期	100 亿个孢子/mL 短稳杆菌悬浮剂	300 倍液～500 倍液	喷雾	
		60 g/L 乙基多杀菌素悬浮剂	1 500 倍液～2 500 倍液	喷雾	3
尺蠖	发生前至发生初期	16 000 IU/mg 苏云金杆菌可湿性粉剂	1 000 倍液～1 500 倍液	喷雾	
		0.5%除虫菊素水乳剂	200 倍液～300 倍液	喷雾	
卷叶蛾	发生前至发生初期	5%甲氨基阿维菌素苯甲酸盐乳油	4 000 倍液～6 000 倍液	喷雾	10

注：农药使用以最新版本《绿色食品　农药使用准则》（NY/T 393）的规定为准。